Saulo Barbará de Oliveira
Claudio Fernando Mahler

Avaliação do CICLO DE VIDA DE PRODUTOS

Uma Introdução

EDITORA
CIÊNCIA MODERNA

Avaliação do Ciclo de Vida de Produtos – Uma Introdução

Editor: Paulo André P. Marques
Produção Editorial: Dilene Sandes Pessanha
Capa: Daniel Jara
Diagramação: Daniel Jara
Copidesque: Vivian Sbravatti

FICHA CATALOGRÁFICA

OLIVEIRA, Saulo Barbará de; MAHLER, Claudio Fernando.

Avaliação do Ciclo de Vida de Produtos – Uma Introdução

Rio de Janeiro: Editora Ciência Moderna Ltda., 2018.

1. Problemas Ambientais 2. Conservação e Proteção
I — Título

ISBN: 978-85-399-0959-9 CDD 363.7
333.72

Editora Ciência Moderna Ltda.
R. Alice Figueiredo, 46 – Riachuelo
Rio de Janeiro, RJ – Brasil CEP: 20.950-150
Tel: (21) 2201-6662/ Fax: (21) 2201-6896
E-MAIL: LCM@LCM.COM.BR
WWW.LCM.COM.BR

02/18

Prefácio

A solidificação do material derretido que constituiu o planeta Terra se deu há aproximadamente 4,5 bilhões de anos. De alguma forma, durante os primeiros 800 milhões de anos de sua história, a superfície da Terra mudou do líquido ao sólido, dando início à história geológica da Terra, com o endurecimento e a formação das rochas, o que ocorreu há mais de 3,8 bilhões de anos, idade da rocha mais antiga de que se tem conhecimento. A erosão e o tectonismo – movimentos da crosta terrestre com origem em processos tectónicos (formação de bacias oceânicas, continentes, planaltos e cordilheiras) – destruíram provavelmente toda a rocha mais antiga e o começo do registro de rocha que existe atualmente na Terra é do período Arqueano, que vai de 3,8 a 2,5 bilhões de anos atrás. Ou seja, é evidente que o mundo como o entendemos foi criado há muito mais do que cinquenta milhões de anos.

Do que conhecemos sobre a história da humanidade, há aproximadamente seis mil anos, os seres humanos começaram a se organizar como sociedade que consome, produz e usa o meio ambiente. O uso do polegar, associado a uma inteligência especial, além da capacidade de viver e de se locomover sobre dois pés, fez com que, pela teoria evolucionista, se chegasse ao *homo sapiens* – do latim homem sábio –, essa bizarra figura, que pensava que tudo sabia e tudo podia. O resultado foi uma calamitosa destruição deste planeta em duzentos anos e a possibilidade de torná-lo inabitável daqui a cerca de cem anos. Este é o ser que se julgava a cópia fiel do criador do mundo e que criou uma imagem masculina para representá-lo.

Há aproximadamente seiscentos anos, na Idade Média, René Descartes formulou a famosa frase "Penso, logo Existo", criando os fundamentos da filosofia moderna. Tal frase, infelizmente, separou o homem dos outros seres vivos e da natureza, dando-lhe o papel, como o do criador, de rei do universo, o que mobiliza o homem desde então, criando armas destrutivas e tratando o meio ambiente como produtor infinito há não menos que sessenta anos. E só muito recentemente, há aproximadamente sessenta anos, começam os primeiros desenvolvimentos científicos que tentam compreender os efeitos da ação produtiva do homem no planeta e que contribuíram para o surgimento dos primeiros partidos, que se ocupam em primeiro lugar com a questão de sobrevivência da sociedade, como o Partido Verde alemão, por exemplo.

Assim, só agora, quando a destruição ambiental e dos outros seres vivos cresceu a limites impensáveis, é que o homem «pseudo» *sapiens*, começa a perceber que, mesmo que seja teoricamente pensante e pretensamente superior, não é nada, apenas um minúsculo ponto na imensidão do mundo e do tempo. E mais: percebe também que, se ele não se reorganizar e parar de destruir o ambiente, não haverá lugar para esse bicho de duas patas e polegar opositor num tempo infinitamente curto, no planeta Terra, criado por algum ser que desconhecemos a forma, sexo e qualquer outra informação possível.

A Avaliação do Ciclo de Vida (ACV) é um avanço nessa tentativa organizada e desesperada de compreender e cessar o processo de destruição sistemática do meio ambiente, próprio do sistema capitalista, implantado desde o século XIX. O homem reconhece suas limitações, aceita o fato de ser apenas parte do sistema e cessa sua identificação com um Deus que ele desconhece. Homens e mulheres são iguais perante um ser superior, quiçá assexuado e intangível. A luta pela permanência precisa da ACV, e ela se integra ao campo científico.

Este livro apresenta os conceitos básicos de ACV para permitir uma rápida familiarização com o assunto ao iniciante no tema. Não substitui nem prescinde outras leituras, em especial por parte daqueles leitores que querem especializar-se no assunto ou pretendem usar a ACV em suas pesquisas.

Mas a pedra fundamental está lançada e, conhecendo os primeiros passos, os conceitos e os procedimentos básicos, os outros serão certamente mais fáceis.

Enfim, bons estudos e ACV em sua vida, hoje, amanhã e sempre.

Rio de Janeiro, janeiro de 2017

Prof. Cláudio Fernando Mahler
UFRJ/COPPE
cfmahler@gmail.com

Apresentação

Não é novidade que a espécie humana sempre teve na natureza e em seu meio ambiente onde buscar tudo o que precisa para a sua sobrevivência. Este fato, no entanto, não foi até hoje suficiente para sensibilizar a raça humana a manter um comportamento de preservação ambiental, tampouco motivá-la a desenvolver ações capazes de frear a devastação ambiental causada pela própria espécie. O que será preciso para isso acontecer? Que surja uma hecatombe de dimensão global? Ou será que os novos conhecimentos a serem proporcionados pelo uso contínuo desta nova disciplina, a Avaliação do Ciclo de Vida, darão ao homem moderno a real dimensão do problema a ponto de motivá-lo a levar a sério a questão ambiental? Até que ponto a Avaliação do Ciclo de Vida seria uma ferramenta potencialmente capaz de contribuir para a solução dos problemas ambientais?

Para estas questões não há respostas simples, mas nem por isso devemos perder a esperança de buscá-las. O principal objetivo deste livro é tentar mostrar, de uma maneira clara e objetiva, como a Avaliação do Ciclo de Vida pode contribuir na busca de respostas para os problemas ambientais. Ou seja, quais recursos e facilidades oferecidos pela Avaliação do Ciclo de Vida podem contribuir na identificação, inventário, análise e mitigação dos impactos ambientais.

O livro foi planejado e organizado em nove capítulos, sequencial e logicamente apresentados de modo a facilitar o entendimento sobre a Avaliação do Ciclo de Vida e suas respectivas fases. Foi escrito, especialmente, para os iniciantes no tema. Daí o uso de uma linguagem simples, clara e direta. Mas também é destinado a todos os interessados em saber o que é e qual é o papel desta disciplina no mundo moderno, pois poderão, em poucas horas, como em um final de semana, tomar conhecimento dos principais conceitos e fundamentos da Avaliação do Ciclo de Vida e sua potencialidade.

O livro tem a seguinte organização:

- **Capítulo 1** – Conceitos básicos da Avaliação do Ciclo de Vida. Faz um breve relato da parte histórica e os principais acontecimentos sobre o tema, abordando os fatos mais importantes, o relacionamento da norma de gestão ambiental (série ISO 14000) com a Avaliação do Ciclo de Vida (ACV), o conceito sobre o Pensamento Orientado ao Ciclo de Vida (POCV), a importância desta disciplina, as 4 fases da ACV, exemplos de categorias de impacto e a estratégia do Ecodesign, concluindo com a descrição sobre as perspectivas da ACV.

- **Capítulo 2** – Definição do Objetivo e Escopo dos estudos de ACV. Deste ao Capítulo 5, as 4 fases da ACV são descritas com maior nível de detalhe do que no capítulo anterior. Preocupa-se em apresentar a primeira fase – Definição do Objetivo e Escopo da ACV –, descrevendo os conceitos envolvendo a "Função e Unidade Funcional" dos estudos de ACV, os "Limites do Sistema", origem, significado e utilidade dos "Datasets", os "Critérios de Avaliação do Sistema" de produto e a "Questão temporal" a serem considerados nos estudos de ACV.

- **Capítulo 3** – Neste capítulo é explorada a fase 2 da ACV, a Análise de Inventário. A preocupação é apresentar os elementos que constituem um sistema de produto, tais como as suas entradas e saídas, e os procedimentos necessários para se fazer a pesquisa e coleta de dados que, após analisados, comporão o inventário de materiais e recursos do sistema. Apresenta também algumas das bases de dados disponíveis para os estudos de ACV, relacionando as principais categorias de impactos armazenadas na base de dados NREL (do Laboratório Nacional de Energia Renovável – National Renewable Emergy Laboratory). Descreve também os principais aspectos sobre a mineração de dados, a potencialidade sobre o balanço de massa, energias e emissões, concluindo com a apresentação dos resultados da análise de inventário.

- **Capítulo 4** – Avaliação do Impacto do Ciclo de Vida. Trata da 3ª fase da ACV, na qual são apresentados o problema da incerteza nos estudos de ACV, os elementos obrigatórios (seleção e definição das categorias de impacto; classificação e categorização) e opcionais (normalização, agrupamento, ponderação e análise da qualidade dos dados) dos estudos de ACV, a questão da divulgação pública da análise de inventário e a preparação para a análise do inventário.

- **Capítulo 5** – Interpretação dos Resultados da Avaliação do Ciclo de Vida. Refere-se à 4ª e última fase da ACV, na qual são descritos os passos necessários para que seja feita a análise e interpretação dos resultados do estudo de ACV de maneira mais confiável e segura. Descreve também os passos requeridos para a elaboração do relatório final, destacando os pontos mais importantes deste relatório, bem como os cuidados que se devem ter na realização das revisões e análises críticas e os principais elementos que devem ser examinados na interpretação dos resultados da ACV.

- **Capítulo 6** – Ferramentas Usadas nos Estudos de Avaliação do Ciclo de Vida. O capítulo começa com a descrição dos diferentes nomes atribuídos às ferramentas mais comumente usadas nas avaliações do ciclo de vida de produtos, serviços e processos, tais como: framework, modelo, método, sistema e software. A seguir é feita a descrição sobre as características, funcionalidades e particularidades mais importantes destas ferramentas, com destaque para uma das bases de dados, datasets e softwares mais conhecidos e disponíveis no mercado de tecnologia de informação.

- **Capítulo 7** – A Família das Normas Ambientais da Série ISO 14000. Descreve o papel e a importância da padronização internacional para o desenvolvimento da sociedade como um todo, destacando inicialmente o trabalho desenvolvido pela Organização Internacional de Padronização (ISO) e a Associação Brasileira de Normas Técnicas (ABNT), especialmente no que se refere às normas ambientais, destacando as duas normas mais usadas nos estudos de ACV: a ABNT NBR ISO 14040:2009 – Gestão ambiental - Avaliação do ciclo de vida - Princípios e estrutura, e a ABNT NBR ISO 14044:2009 – Gestão ambiental - Avaliação do ciclo de vida - Requisitos e orientações. Apresenta também o PDCA – ferramenta de melhoria contínua –, estabelecendo a sua relação com as normas técnicas ambientais e descrevendo como cada uma destas normas pode ser aplicada ao usar o PDCA visando o alcance da melhoria contínua nos estudos de ACV.

- **Capítulo 8** – Estudo de Casos. São apresentados dois estudos de casos com a finalidade de mostrar como usar, na prática, os conceitos, fundamentos e ferramentas da ACV, apresentados nos capítulos anteriores, para a mitigação de problemas ambientais concretos. Os casos, de origem de estudos acadêmicos – uma dissertação de mestrado e uma tese de doutorado –, tratam respectivamente dos seguintes temas: a) Avaliação do ciclo de vida na gestão de resíduos sólidos do Centro de Tecnologia da Universidade Federal do Rio de Janeiro; b) Modelo de Avaliação do Ciclo de Vida para a Gestão de Resíduos Sólidos de Equipamentos Eletroeletrônicos no Brasil.

- **Capítulo 9** – Glossário. Neste último capítulo são apresentadas definições, siglas e termos técnicos direta ou indiretamente associados à Avaliação do Ciclo de Vida e à Gestão Ambiental. A finalidade deste capítulo é centralizar, em um local apropriado e de fácil acesso, os principais conceitos e fundamentos sobre estes dois temas.

Rio de Janeiro, janeiro de 2017

Prof. Saulo Barbará de Oliveira

UFRJ/ICSA/PPGE

Sumário

“Não existem métodos fáceis para resolver problemas difíceis”.

René Descartes

1. Conceitos Básicos da Avaliação do Ciclo de Vida

A avaliação do Ciclo de Vida (ACV) é um processo complexo. E, embora não existam métodos fáceis para resolver problemas difíceis, como afirmava René Descartes, uma vez compreendido o problema fica mais fácil resolvê-lo. Por isso, a fim de facilitar a compreensão sobre o processo de ACV, inicialmente serão apresentados neste capítulo o histórico, a contextualização e os principais conceitos e fundamentos sobre o tema, para nos próximos capítulos ser feito o aprofundamento do tema.

A ACV pode ser definida de várias maneiras. Os exemplos a seguir dão uma ideia de algumas definições possíveis.

- Um processo de investigação científica que explora os impactos ambientais durante toda a vida de um produto, desde a extração da matéria-prima até seu descarte final.

- Uma técnica para avaliar os aspectos e impactos ambientais potenciais associados com um produto, sistema ou serviço.

- Compilação e avaliação das entradas, saídas e potenciais impactos ambientais de um sistema de produção ao longo do seu ciclo de vida (ABNT NBR ISO 14040, 2009).

- Dai o aparecimento do conceito "pensamento orientado ao ciclo de vida" que é, na análise ambiental, chamado de "Avaliação do Ciclo de Vida" (ACAROGLU, 2016).

1.1. Breve Histórico/Contextualização

Os primeiros estudos sobre a Avaliação do Ciclo de Vida apareceram no século passado, nas décadas de 60 e 70. A ênfase desses estudos era na eficiência do consumo de matéria-prima e de energia e na melhoria da disposição de resíduos e suas respectivas emissões (sólidas, líquidas e gasosas).

Se considerarmos o conceito de "Balanço de Massa", sempre presente nos estudos de ACV, e o trabalho de Lavoisier sobre o princípio de conservação das massas, em 1789, pode-se creditar a esse pesquisador o início da ACV.

Em 1965, a Coca-Cola, preocupada com a questão da embalagem para seus refrigerantes, decidiu patrocinar um estudo conhecido como "Recursos e Análise de Proteção Ambiental", ou REPA (Resource and Environmental Protection Analysis). A finalidade deste estudo era investigar qual tipo de embalagem para refrigerantes apresentava índices de emissões mais adequados para o meio ambiente e melhor desempenho sobre a preservação dos recursos naturais.

Em 1974, o Midwest Research Institute (MRI) da Agência de Proteção Ambiental norte americana (EPA) foi contratado pela Coca-Cola para aprimorar o REPA, criando um marco no surgimento da ACV (CHEHEBE, 1998).

Com isso, o REPA e a sua metodologia passaram a ser de conhecimento e uso geral, contribuindo então na busca de novos critérios visando o aprimoramento dos estudos e aplicação da análise dos impactos ambientais.

Posteriormente, foi introduzido na metodologia REPA um sistema que utilizava padrões de ponderação voltados para a saúde humana visando agregar dados sobre os impactos ambientais, oriundos de um estudo contratado pelo Ministério do Meio Ambiente da Suíça. Em 1991 e em 1998, com base neste modelo, foram desenvolvidos os primeiros softwares específicos para os estudos de REPA: os Ökobase I e II. (SANTOS et al., 2011)

A seguir, houve uma corrida para o desenvolvimento de estudos sobre ACV, com ênfase em novos produtos e/ou serviços. Como ainda não contava com a padronização e consolidação de uma metodologia apropriada, era natural o aparecimento de divergências e conflitos nos resultados desses estudos, e cada modelo apresentava resultados específicos, o que podia levar a críticas sobre os estudos da ACV, colocando em cheque a sua validade.

Com a proliferação dos chamados Rótulos Ambientais, que inicialmente não consideravam todas as fases do ciclo de vida do produto, focando apenas em seus aspectos meramente ambientais, as críticas sobre o ACV se agravaram. Contudo, após o aprimoramento das regras e critérios sobre a Rotulagem Ambiental, e com o aparecimento de novos estudos que passaram a considerar a avaliação dos produtos e serviços em todas as suas fases, a ACV começou a ganhar credibilidade junto ao público consumidor. Esta nova forma de uso da ACV compreendeu a comparação entre produtos, tornando uma saída tecnicamente correta para o impasse dos rótulos ambientais e motivando a busca pela padronização.

O quadro 1.1 sintetiza os principais acontecimentos ao longo do tempo, desde 1965 até o presente, relativos à ACV e o meio ambiente.

Quadro 1.1. Os primórdios da ACV

Ano/Acontecimento	Descrição/Finalidade
1965 – A Coca-Cola financia o REPA	O REPA visava determinar qual seria o tipo de embalagem para refrigerantes mais adequado quanto ao uso de recursos naturais e a emissão para o meio ambiente.
Criação da PNUD	Neste mesmo ano a ONU cria a PNUD, sua unidade de apoio focada no desenvolvimento.

Ano/Acontecimento	Descrição/Finalidade
1968 – Surge o Clube de Roma	O Clube de Roma nasceu de uma ideia proposta em 1966 pelo industrial italiano Aurelio Peccei e pelo cientista escocês Alexander King. Foi formado por um grupo de profissionais de várias áreas (diplomacia, industrial e sociedade civil), preocupados com o consumo de recursos, e que se associaram para discutir os temas e buscar soluções mais adequadas à sustentabilidade. O Clube existe até hoje e tem entre os seus membros profissionais de diversas organizações, instituições, universidades e centros de pesquisas. Atualmente, são 106 membros ao todo, de 35 países, entre eles o Brasil. (http://www.clubofrome.org/members-groups/full-members/)
1972 – O trabalho de Ian Boustead, pesquisador britânico, o relatório Meadows e o PNUMA	Boustead propõe o cálculo da “energia total utilizada” na produção de vários tipos de embalagens de bebidas que usavam plástico, vidro, alumínio e aço. Também em 1972: a) O Clube de Roma divulga o relatório Meadows, conhecido também como “Os Limites do Crescimento”, apontando os impactos sobre os recursos naturais, aspectos energéticos e a poluição. b) A ONU cria a PNUMA, agência focada no meio ambiente, e realiza em Estocolmo a primeira reunião mundial para discutir a relação entre o homem e o meio ambiente.
1973 – A Crise do Petróleo	Com a crise do petróleo, iniciada em 1973, os estudos ambientais sofreram também impactos que se prolongaram até o final da década de 80. Superada a crise, os estudos voltaram e ganharam força com a nova perspectiva aberta pela primeira conferência mundial sobre o meio ambiente, a ECO-92, realizada no Rio de Janeiro.

Ano/Acontecimento	Descrição/Finalidade
1974 – O MRI (Midwest Research Institute) da EPA, agência norte americana, contratada da Coca-Cola	Aprimora a metodologia empregada no REPA (Resource and Environment Protection Analysis), passando a ser uma referência para a ACV.
1979 – Ian Boustead aprimora sua metodologia de cálculo	Os estudos de Boustead são publicados em seu livro Handbook of Industrial Energy Analysis, no qual aparece a consolidação da sua metodologia.
1985 – É lançada a primeira diretiva para embalagens	Trata-se de uma diretiva específica para a área de alimentos (Liquid Food Container Directive).
1987 – É publicado o famoso Relatório Brundtland	O Relatório Brundtland, ou "Nosso Futuro Comum", trazia a proposta do desenvolvimento sustentável.
1990 – Surge o IPCC	O IPCC (International Panel for Climate Change), primeiro mecanismo de caráter científico, é criado com a intenção de alertar o mundo sobre o aquecimento global do planeta.
1991 – Surgem os primeiros softwares de ACV	Trata-se do Ökobase, versões I e II.
1992 – Relatório Ekvall sobre conflitos de dados e resultados 2ª Conferência Internacional sobre Meio Ambiente - 1992	Publicação do estudo Ekvall por encomenda do setor de papel e embalagens da Suécia (Swedish Paper and Packaging Group), que descreve as diferenças entre o estudo sueco ("Packaging and Environment", Chalmers Industriteknik de 1991) e outro suíço ("Ökobilanz Von Packstoffen" de 1990) sobre embalagens. A 2ª Conferência Internacional sobre Meio Ambiente, a Rio 92, é realizada no Brasil com a participação de mais de 160 chefes de Estado, com a assinatura da Convenção Marco sobre Mudanças Climáticas, proposta de uma maior divulgação sobre o desenvolvimento sustentável e a Agenda 21.

Ano/Acontecimento	Descrição/Finalidade
1993 – É lançada a Norma Ambiental, a ISO 14000	A ISO 14000 é uma Norma Internacional de padronização sobre o meio ambiente, desenvolvida em conjunto com os membros da Organização Internacional de Padronização, ou International Organization for Standardization (ISO), que define diretrizes sobre a gestão ambiental nas empresas. A versão brasileira correspondente desta norma é a ISO 14000 (2009).
2012 – Conferência das Nações Unidas (Rio+20)	Em 2012 ocorreu no Rio de Janeiro a Conferência das Nações Unidas sobre Desenvolvimento Sustentável, a Rio+20, cujo objetivo foi renovar o compromisso político com o desenvolvimento sustentável, sendo reforçada aqui a proposta da economia verde.

Fontes: CHEHEBE (1998), SANTOS et al., (2011), MOTTA (2015) e VIEGAS (S/D)

Com a evolução dos movimentos ecológicos, surge no cenário mundial o conceito de desenvolvimento sustentável. Resultante do amadurecimento destes movimentos, e uma vez que trazia em seu bojo a proposta da reavaliação da relação entre a sociedade e o meio ambiente, o termo tornou-se importante. O conceito, que surgiu antes da Conferência das Nações Unidas para o Meio Ambiente realizada no Rio de Janeiro em 1992, se tornou popular após este evento.

Embora se tratasse de uma proposta de grande importância, o conceito de desenvolvimento sustentável mostrou ser um desafio para a sociedade. Assim, em 2008, surge uma nova proposta que passou a ser conhecida como a “Economia Verde”, que visava superar os problemas causados pela crise ambiental, tema que passou a ser o foco da RIO+20, realizada no Rio de Janeiro em 2012.

A proposta da economia verde foi lançada pelo Programa de Meio Ambiente das Nações Unidas (PNUMA – United Nations Environment Programme / UNEP) durante a crise financeira do segundo semestre de 2008, buscando criar um novo paradigma para a retomada do crescimento da economia mundial (VEIGA e ISSBERNER, 2012).

Conforme afirmam Veiga e Issberner (2012), ao respeitar os limites do ecossistema, proporcionando o equilíbrio entre o consumo de recursos, energia, bens e serviços, e melhorando a qualidade de vida, essa proposta seria benéfica para todos. Porém, os próprios autores não são otimistas quanto ao avanço da proposta da economia verde. Para eles, ainda há dúvida se o crescimento da economia verde teria capacidade de atingir o objetivo a que se propõe, o que, sob a perspectiva histórica dos avanços econômicos e sociais, só saberemos daqui algum tempo.

Trata-se da proposta de "um sistema econômico que inclui investimento, produção, comercialização, distribuição e consumo, de maneira a respeitar os limites dos ecossistemas", sistema este que seria capaz de produzir bens e serviços que melhorariam o ambiente, dado ao fato de gerar impacto ambiental positivo (MOTTA, 2015, p. 5).

Como propõe o PNUMA, a economia verde "resulta na melhoria do bem-estar humano e da igualdade social, ao mesmo tempo em que reduz significativamente os riscos ambientais e das limitações ecológicas"; em síntese, uma economia de baixo-carbono, eficiente no uso de recursos naturais e socialmente inclusiva (UNEP/SETAC, 2012, p. 16).

O surgimento das normas ISO série 14000 representou um esforço de vários setores da sociedade na busca por instrumentos capazes de incentivar e fomentar o exercício de boas práticas na gestão socioambiental. Estas normas, embora de adesão não compulsória, uma vez introduzidas no modelo de negócio, além de estimular a prática da responsabilidade socioambiental, permitem também que as organizações consolidem seu sistema de gestão ambiental e pleiteiem a certificação junto a um organismo competente. O certificado emitido decorrente desse processo passou a ser chamado de "passaporte verde", um verdadeiro salvo-conduto para a penetração no mercado internacional de exportação. Tudo isso pelo fato de que um sistema de gestão devidamente certificado contribui efetivamente no controle das emissões do processo de fabricação, possibilitando o seu monitoramento, a implementação de melhorias e a redução do impacto ambiental.

Contudo, ao confrontarmos as agressões ao meio ambiente, ainda tão frequentes e de grande dimensão na atualidade, seria lógico questionar quais seriam os instrumentos de que dispõe a economia verde para o alcance do seu objetivo? As normas ISO 14000, especificamente a ISO 14040, com sua proposta de uma metodologia sobre a avaliação do ciclo de vida de produtos, processos e serviços, seria suficiente para fazer frente a esta questão?

Essas são algumas das questões que nos propomos a esclarecer neste trabalho.

1.2. A Avaliação do Ciclo de Vida e a ISO 14000

Frente ao cenário de inquietação quanto às questões ecológicas, têm surgido algumas propostas, voltadas para o desenvolvimento sustentável das empresas: uma das principais é a Análise do Ciclo de Vida (ACV), em inglês "Life Cycle Assessment" (LCA). A ACV é uma metodologia de estudo que leva em consideração todas as etapas de produção de um produto, permitindo estimar o impacto ambiental de cada etapa, ou cumulativo de todas as etapas do processo produtivo, desde a extração ou retirada das matérias-primas do meio ambiente até o consumo final do produto, incluída a destinação final do resíduo. Genericamente, o estudo do processo produtivo como um todo inclui as seguintes etapas: aquisição de matérias-primas, manufatura, utilização/reutilização/manutenção, reciclagem e disposição de resíduos. Nos estudos de ACV, cada uma destas etapas é analisada e quantificada de forma a verificar o impacto local, regional ou global que este processo poderá causar ao ambiente.

A primeira versão da ISO 14000 foi apresentada em 1996 e já passou por 3 revisões: em 2004, 2011 e 2015. Como acontece com outras normas ISO, por exemplo a ISO 9000 (de gestão do sistema de qualidade), é previsto que esta norma passe pelo processo de revisão a cada período de 5 a 7 anos. Desde que foi lançada, e uma vez que inclui princípios fundamentais sobre a gestão ambiental, a ISO 14000 vem ganhando importância crescente internacionalmente. Por isso, vem se tornando um guia para o desenvolvimento e aprimoramento dos manuais sobre a sustentabilidade, bem como uma metodologia da análise do ciclo de vida aceita em todo o mundo. Também como acontece com outras normas, a ISO 14000 não é um instrumento prescritivo, ou seja, a norma se preocupa apenas em descrever "o que fazer", mas não "como fazer", cabendo a cada organização interessada o desafio de buscar mecanismos para padronizar, documentar e gerenciar os seus processos de trabalho. Colocando de outra forma, a norma é um guia que descreve os princípios de boas práticas para as organizações de diferentes tipos, tamanhos e setores, na busca de mecanismos capazes de reduzir o impacto ambiental decorrente do seu processo de fabricação ou transformação de produtos e serviços. Assim, é esperado que, ao fim da internalização dos seus princípios no sistema de gestão ambiental, as organizações que adotarem estas normas possam dar visibilidade e transparência de suas ações junto à sociedade.

É importante observar que as versões brasileiras correspondentes a estas normas ISO possuem o prefixo NBR.

1.3. Pensamento Orientado ao Ciclo de Vida

Possivelmente, o mais importante ao considerarmos a ACV em nossas vidas seria adotarmos um comportamento compatível com os princípios da sustentabilidade, pensando positivamente e agindo corretamente na busca do tão almejado equilíbrio econômico, social e ambiental, conceito este conhecido como "tríplice hélice". No entanto, para se chegar a este equilíbrio é preciso que todos (organizações, governos e a sociedade como um todo), façam a sua parte. Ao trilharmos este caminho, o Pensamento Orientado ao Ciclo de Vida (POCV), ou em inglês Life Cycle Thinking, um conceito criado pela LIFE CYCLE INITIATIVE (2015), poderia prestar uma grande e significativa contribuição neste processo.

O Pensamento Orientado ao Ciclo de Vida vem de uma discussão, principalmente qualitativa, para identificar as fases do ciclo de vida e/ou os potenciais impactos ambientais de maior importância, para uso em um resumo do projeto ou em uma discussão introdutória de medidas políticas.

O POCV e a Avaliação do Ciclo de Vida são as abordagens científicas por trás das políticas ambientais modernas e de apoio à decisão de negócios relacionados ao Consumo e Produção Sustentáveis (CPS). A necessidade comum e fundamental para a utilização da metodologia ACV é a disponibilidade de dados consistentes, com garantia de qualidade, independentemente revistos e que são feitos para se ajustar à finalidade dos estudos sobre ACV (UNEP/SETAC, 2011).

Os principais objetivos deste pensamento são reduzir o uso de recursos, materiais, produtos e emissões para o ambiente, bem como melhorar o seu desempenho socioeconômico por meio de seu ciclo de vida.

A maior vantagem do POCV é que ele foca o ciclo de vida do produto ou sistema como um todo. Assim, o POCV seria um complemento muito importante do pensamento sistêmico.

Adotar o POCV significa ir além do tradicional foco nos processos de instalação, produção e fabricação, incluindo os impactos ambientais, sociais e econômicos de um produto ao longo de todo seu ciclo de vida.

Como visto antes, o ciclo de vida de um produto, serviço ou processo começa com a aquisição de matérias-primas provenientes da extração de recursos naturais do solo e da geração de energia. Assim, materiais, energia e outros recursos passam a fazer parte da produção, embalagem, distribuição, utilização, manutenção, ou seu reaproveitamento por meio da reciclagem, reutilização, valorização ou disposição final.

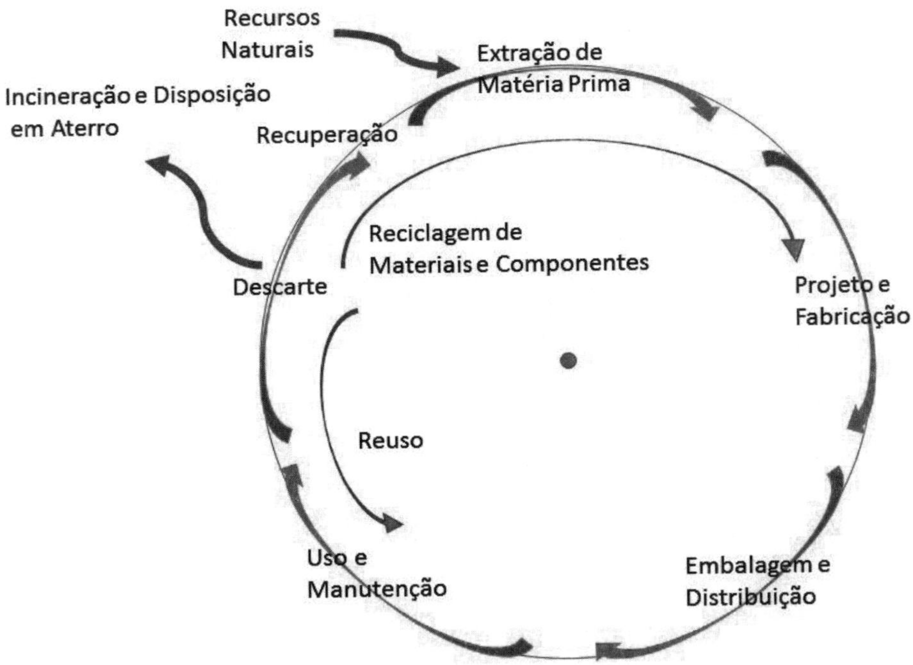

Fonte: Life Cycle Initiative (2015 – Adaptado

Figura 1.1. Pensamento orientado ao ciclo de vida

Entretanto, como o POCV poderia ser colocado em prática? A Figura 1.2 mostra por meio de um mapa cognitivo como isso seria possível.

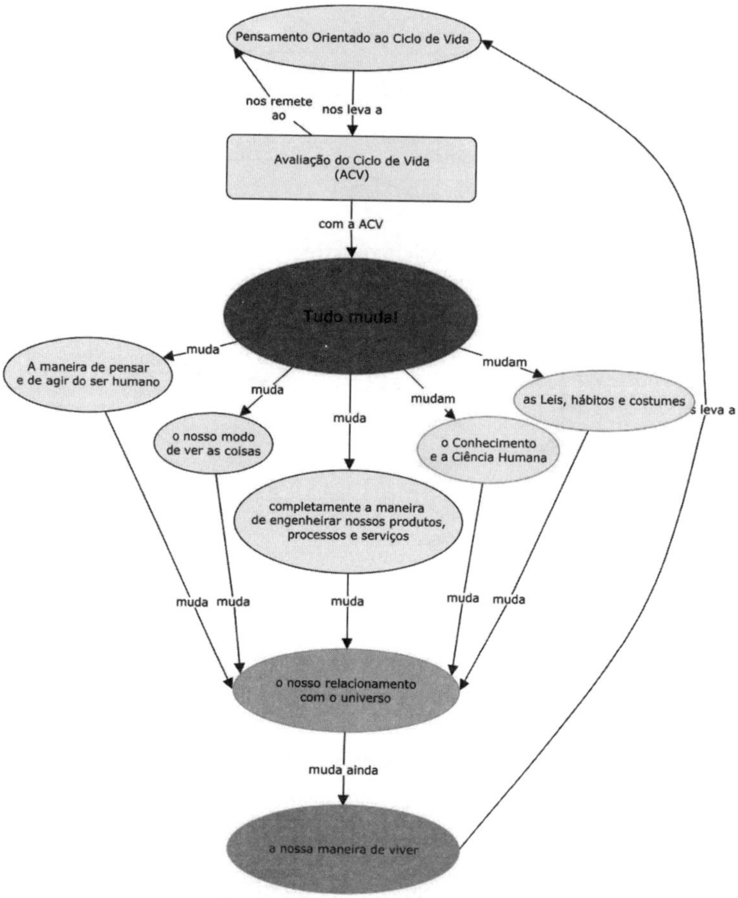

Figura 1.2. Exercitando o pensamento orientado ao ciclo de vida (circulo virtuoso)

Vamos interpretar a Figura 1.2, explorando o conceito POCV.

O POCV nos leva a dar maior valor à ACV e a agir com mais responsabilidade sobre o ciclo de vida de tudo que existe à nossa volta. Seria um modo de ver tudo e todas as coisas sob uma visão sistêmica ou holística do universo, compreendendo que tudo está interconectado e que nossa relação com o que está à nossa volta pode provocar uma reação em cadeia e atingir os rincões mais longínquos.

Com o POCV a serviço da ACV "tudo muda". Muda a maneira de pensar e agir do ser humano; muda o nosso modo de ver e entender as coisas; mudam as leis, a ciência, o conhecimento humano; muda a maneira de "engenheirar" e "desengenheirar" nossos produtos, serviços e processos; muda o nosso relacionamento com o universo e a nossa maneira de viver, e nos leva de volta ao início de tudo, produzindo um ciclo virtuoso.

Quanto ao "desengenheirar", é importante estar atento ao que propõe Sánchez (2001) ao afirmar que, para ser completo, o ciclo de vida precisa também considerar o que fazer com as instalações, fábricas ou plantas quando estas são desativadas, uma vez que o empreendimento não está em atividade, da mesma forma que devem ser consideradas durante a vida ativa a degradação do meio ambiente, dos solos, dos ecossistemas, as mudanças na topografia do local, etc.

O projeto de novos produtos, no que se refere à ideia, à concepção e ao desenho, é um processo complexo e fundamental para começar a se pensar no ciclo de vida deste produto. Neste processo, está a melhor oportunidade para se pensar no ciclo de vida completo do produto, uma vez que, como argumenta Kuta et al. (1995), o inventário do ciclo de vida (ICV) – uma das fases da ACV – é apenas uma peça do quebra-cabeça e que o verdadeiro valor do ICV é a percepção de que uma mudança em uma parte do ciclo de vida de um produto terá algum efeito (positivo ou negativo) em outras áreas do ciclo de vida do produto. Assim, ao se aplicar esse "conceito de ciclo de vida" no processo de desenho de produto, verdadeiras oportunidades de melhoria podem ser identificadas (KUTA et al., 1995).

1.4. Qual a importância da Avaliação do Ciclo de Vida?

Algumas considerações podem ser tecidas para justificar a importância da ACV:

1. A organização do sistema para atender aos critérios da ACV.
2. Crescimento da demanda por informações sobre o meio ambiente visando

apoiar a tomada de decisões nos diversos tipos de organizações e suas atividades.

3. As características qualitativas por si só não são suficientes para uma decisão mais segura sobre os impactos ao meio ambiente.
4. A ACV traz um conjunto abrangente de métricas quantificáveis visando a rotulação ambiental mais adequada aos produtos, especialmente os nutricionais, e ainda de identificar os principais impactos ambientais visando a concentração de esforços de melhoria.
5. A ACV permite enxergar os reais impactos ambientais durante todo o ciclo de vida de um produto, processo ou serviço.

É possível estimar a grande contribuição que a ACV tem na desmistificação de que, baseados comumente em nossas experiências, conhecimento, informação, educação, etc., e não em nosso conhecimento científico, sempre sabemos o que é "verde" ou não, e o que fazer com o que é "verde" e o que não é. Esse comportamento muitas vezes leva à transferência e não à redução de impacto, e à sensação de bem-estar que temos sobre o que é verde. Por isso, a maior importância da ACV está em sua capacidade de identificação dos potenciais impactos ambientais e, com isso, é possível traçar planos para sua efetiva mitigação.

Assim, a partir da identificação dos danos ambientais, é possível quantificar os impactos, tomar medidas para reduzir as incertezas e aumentar a eficiência na gestão dos processos produtivos (XAVIER e CORRÊA, 2013).

ACV é um framework usado para identificar, examinar e avaliar energia, materiais e implicações ambientais de um produto, material, processo ou sistema ao longo de toda a sua vida, do berço ao túmulo, ou seja, da fonte primária dos recursos ao descarte final do produto depois de esgotada a sua utilidade. Como tal, a ACV propicia a obtenção de resultados quantificados para a tomada de decisão com base em informação.

De forma simples e resumida, os benefícios dos estudos de ACV são:

- Possibilita focar nos impactos mais significativos na elaboração do projeto, desenvolvimento do produto, serviço ou processo, distribuição, comercialização e uso, desde a concepção da ideia até seu descarte final, após passar pelos sucessivos ciclos uso, reciclagem e destinação;
- Facilita a formalização do engajamento das partes externas interessadas (stakeholders) para reduções dos impactos sobre materiais;
- Contribui no processo decisório, visando a redução dos impactos ambientais decorrentes do projeto e do processo de fabricação de produtos.

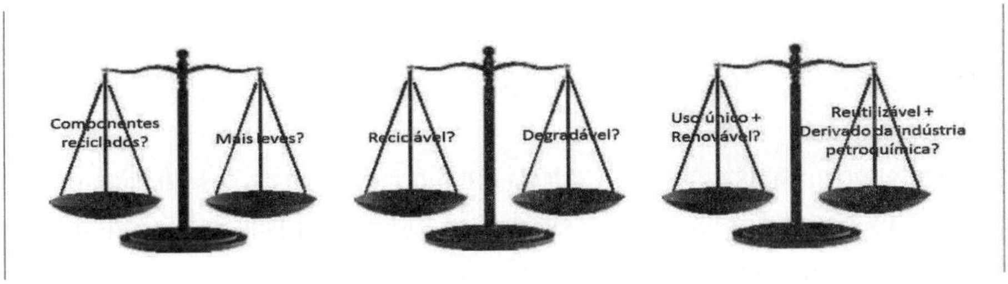

Fonte: SAUER, CASHMAN e GANDY (2012) – Adaptado.

Figura 1.3 Quantificação de resultados

1.5. Fases da Avaliação do Ciclo de Vida

A Avaliação do Ciclo de Vida (ACV) compreende 4 fases distintas: 1) Definição de Objetivo e escopo; 2) Análise de Inventário; 3) Avaliação de Impacto e; 4) Interpretação. Estas fases têm implicações diretas no desenvolvimento e melhoria de produto, no planejamento estratégico, na elaboração de políticas públicas, no marketing, etc., conforme ilustra a Figura 1.4.

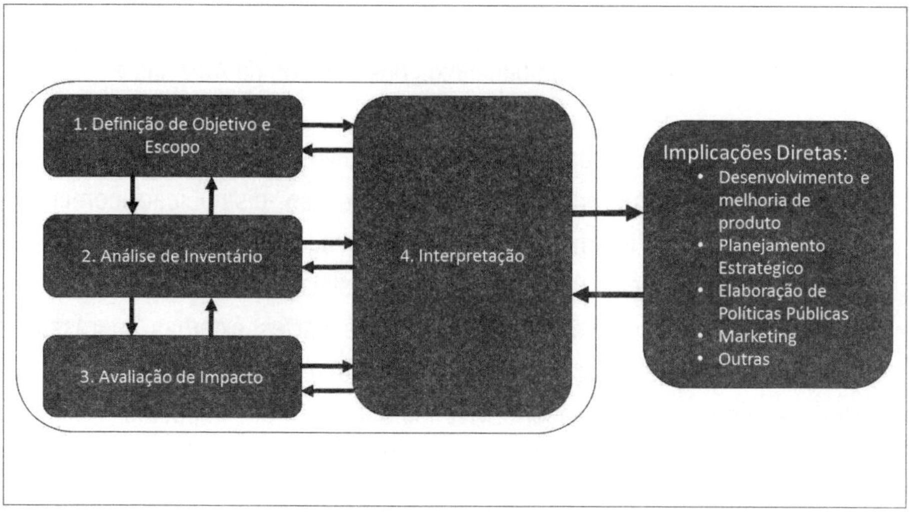

Fonte: ABNT NBR ISO 14044 (2009) – Adaptado

Figura 1.4. Fases da avaliação do ciclo de vida

Considerando as suas fases, a ACV foca em 5 principais estágios do ciclo de vida pelos quais passa um produto ou serviço mostrados na Figura 1.5: extração de matéria-prima, produção ou fabricação, embalagem e transporte, uso ou consumo, fim da vida (descarte).

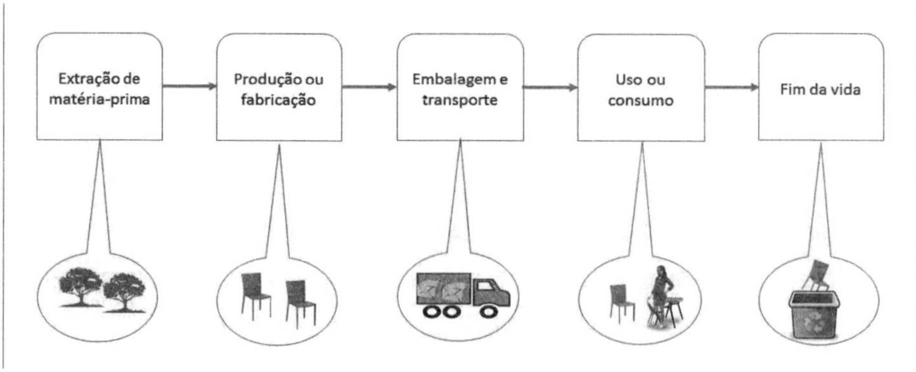

Figura 1.5. Os estágios do ciclo de vida

As entradas e saídas da ACV são delimitações de um sistema produtivo (Figura 1.6). Por meio destes elementos, a ACV procura medir os impactos do que entra e sai do sistema.

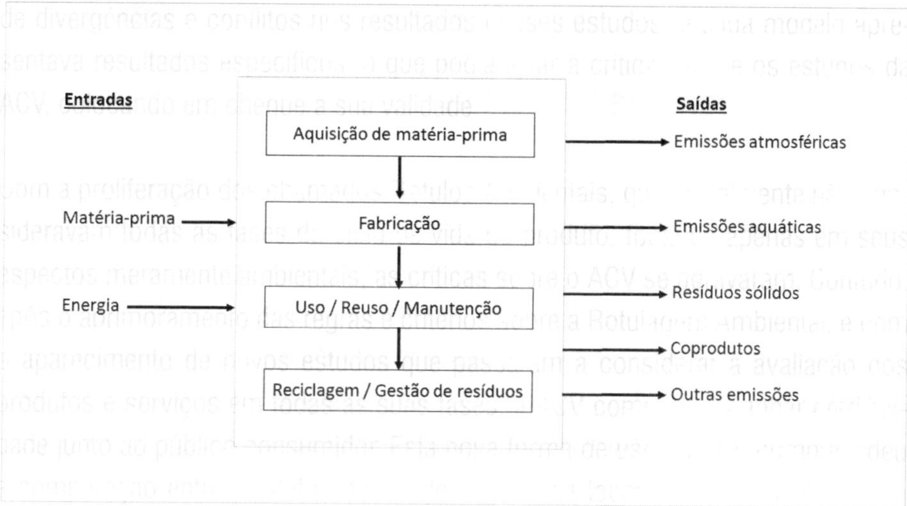

Fonte: EPA (2006) – Adaptado

Figura 1.6. Entradas e saídas da ACV e limites do sistema

1.6. Exemplos de categorias de impacto

A seguir é apresentada uma lista de categorias de impacto que podem ser medidas e que são relevantes na ACV.

- Uso da terra
- Uso de água
- Emissões de carbono
- Extinção de espécies
- Toxidade
- Poluição do ar
- Poluição (outras)
- Destruição habitual

- Carcinogêneos
- Destruição do ozônio.

Uma lista mais completa das categorias de impacto pode ser encontrada no capítulo 3, no final do item 3.4. Algumas das bases de dados disponíveis.

1.7. Estratégias de Ecodesign

Ecodesign vem sendo empregado há quase vinte anos nos países desenvolvidos. Seu principal objetivo é o emprego de materiais mais adequados no processo de fabricação de produtos de modo a facilitarem a desmontagem e o respectivo reaproveitamento dos materiais. O Ecodesign deve ser usado para reduzir as pegadas de carbono (também conhecidas como pegadas ambientais ou ecológicas, e que medem quanto dióxido de carbono (CO2) nós, seres humanos, produzimos para manter nossas vidas diariamente) nos processos ou atividades, tendo em vista:

- Facilitar a desmontagem de produtos;
- Melhorar a longevidade (aumentando o tempo de vida útil dos produtos, serviços ou processos);
- Desmaterializar os produtos.

1.8. Perspectivas sobre a ACV

Embora seja possível considerar que a ACV ainda se encontre em estágio inicial de evolução e aplicação no Brasil, muito de sua potencialidade já pôde ser percebida, evidenciando boas perspectivas de ganho com seu uso.
Contudo, por ser uma ferramenta que deve ser utilizada sistêmica ou holisticamente, tendo em vista a sua própria natureza, é possível prever grande avanço quanto à possibilidade de expansão da sua aplicação.

Atualmente, por exemplo, em alguns países desenvolvidos, como Suécia, Noruega e Dinamarca, já é possível prever quanto cada atividade econômica, cada produto, cada pessoa produz de resíduos, consome de água e outros recursos naturais por ano e incluir esta informação no cálculo do PIB (produto interno bruto – soma de tudo que é produzido em um país anualmente).

Desse modo, é possível estimar qual seria o impacto desse consumo considerando um maior ou menor uso desses recursos no PIB de um país. Isso nos leva ao conceito de eficiência ambiental da economia, que amplia o alcance da ACV e nos possibilita contabilizar não apenas o impacto ambiental, mas também o custo da água, energia e minério de ferro empregados para produzir, por exemplo, uma tonelada de ferro.

Usando este mesmo conceito seria possível também prever, extensivamente, o gasto de água consumida, num dado período de tempo, por cada um que dela necessita, seja uma pessoa, animal ou uma fábrica.
Em geral, o processo de ACV costuma ser complexo e demorado. No entanto, as etapas básicas da ACV, são:

- **Definição do objetivo e escopo**. Esta etapa identifica pressupostos, limites e o escopo do estudo que se pretende fazer: isto é, quais são processos, elementos e atividades relacionados com o produto ou serviço a serem avaliados.

- **Análise de inventário do ciclo de vida**. Nesta etapa são identificados, classificados e quantificados os elementos que entram e saem do sistema a ser estudado, como energia, materiais, emissões, etc. Em geral, o resultado esperado deste processo é uma relação ou tabela de inventário na qual deverão estar listados todos os impactos.

- **Avaliação dos impactos ambientais**. Análise detalhada envolvendo um produto, serviço, processo ou atividades.

- **Interpretação dos resultados do estudo.** Descrições das oportunidades de melhoria ambiental, com as suas estimativas e comparação de valor sobre os produtos, serviços ou processos do estudo de ACV.

Após esta visão geral da avaliação do ciclo de vida e de seus princípios correlatos, podemos avançar um pouco mais no seu estudo, abordando-a mais detalhadamente.

"Quando a gente acha que tem todas as respostas, vem a vida e muda todas as perguntas..."

Luís Fernando Veríssimo, escritor.

2. Definição do Objetivo e Escopo

Neste capítulo serão aprofundados os conceitos sobre a **primeira fase ACV**, a definição de objetivo e escopo do estudo, apresentada na Figura 2.1.

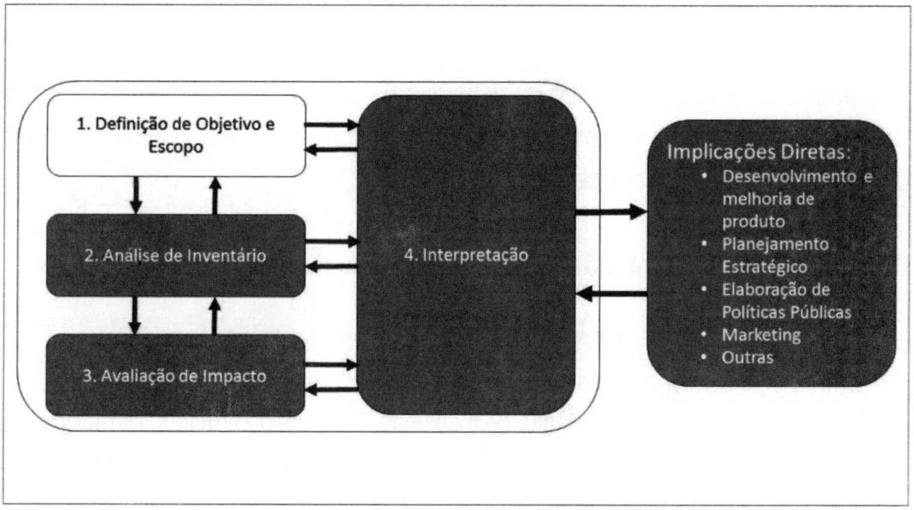

Fonte: ABNT NBR ISO 14044 (2009) – Adaptado

Figura 2.1. Fase 1 da ACV

2.1. Definição do objetivo do estudo da avaliação do ciclo de vida

Nesta primeira fase de um estudo de avaliação do ciclo de vida a preocupação deve estar voltada, inicialmente, para responder às principais questões, algumas já bem conhecidas pelos profissionais de ACV e relacionadas com o objetivo do estudo, tais como:

- Qual é o propósito da ACV?
- Por que deverá ser feita avaliação?
- Quem é o público-alvo?
- Como os resultados serão usados e por quem?
- Que materiais, produtos e processos serão considerados na ACV?
- Há alguma questão específica que deve ser considerada na ACV?
- Qual será a amplitude da definição de opções alternativas?
- Quais questões ou preocupações serão tratadas no estudo?

O quadro 2.1 serve para auxiliar na definição do objetivo da ACV, devendo considerar que os resultados dos estudos devem dar suporte aos usos interno e externo das organizações de que dela necessitam.

Quadro 2.1. Auxílio para a definição do propósito da ACV

USO	INDIVIDUAL	COMPARATIVO
Interno	Visa dar suporte à realização de benchmark para implementação de melhorias futuras.	Serve para comparar formulações ou projetos alternativos, geralmente da própria organização
Externo	Visa dar suporte à elaboração de relatório de impacto ambiental para clientes ou público de uma maneira em geral. Este relatório costuma ser o documento final que descreve os resultados do estudo, devendo focar, especialmente, nos impactos principais do projeto.	Serve para comparar com os produtos e serviços concorrentes, podendo ser usado na formulação de estratégias.

2.2. Definição do escopo do estudo da avaliação do ciclo de vida

O escopo diz respeito à abrangência, alcance e extensão do estudo. As principais questões, da comunidade de ACV, as quais devem ser respondidas logo no início de um estudo, são:

- Qual é a função ou unidade funcional a ser considerada no estudo? Por exemplo:
  - 1 tonelada de RSU (Resíduos Sólidos Urbanos)?
  - 1 tonelada de resíduos recicláveis de MRF (Material Recovery Facility – Unidade de recuperação de materiais)?

- Quais os limites do sistema e intercâmbios entre fronteiras?
- Qual o critério de avaliação a ser aplicado? Por exemplo:
  - Aquecimento global?
  - Eutrofização?
  - Uso de energia fóssil?

- Qual o tempo do estudo? Por exemplo, quanto:
  - À alteração da composição dos resíduos?
  - Ao processo para retardar ou acelerar as emissões do aterro?
  - À captura de carbono do solo ou aterro?

As tecnologias que representam os diferentes processos, como aquelas necessárias à composição em leira ou em vasos, e em aterros sanitários tradicionais ou biorreatores, precisam também ser descritas na definição de escopo do estudo nesta fase.

Além disso, deve ser questionada a alocação de processos que também são entradas de outros sistemas, como quais os benefícios reais de reciclagem de vidro.

2.3. Função e Unidade funcional

Como em qualquer estudo mais complexo, às vezes os conceitos se confundem, como, neste caso, o conceito de função e unidade funcional, que podem gerar dúvidas ou diferentes interpretações.

2.3.1 Função

Refere-se ao serviço que será provido pelo sistema. Exemplos: tratamento de RSU, geração de energia, produção de combustível, tratamento de água ou lixiviado, etc.

2.3.2 Unidade Funcional

Diz respeito às unidades de quantificação do serviço. Exemplos: 1 tonelada de RSU gerada, 1 tonelada de RSU recebida, 1 MWh de eletricidade gerada, 1 m^3 de GNV produzido. Colocado de outro modo, a unidade funcional é uma referência quantitativa à qual todos os fluxos de entradas e saídas na ACV estão relacionados.

2.4. Limites do Sistema

Para entender os limites, é preciso definir o sistema e os conceitos a ele relacionados. A ACV "modela o ciclo de vida de um produto por meio do seu sistema de produto, que desempenha uma ou mais funções" específicas. "A propriedade essencial de um sistema de produto é caracterizada pela sua função e não pode ser definida somente em termos dos produtos finais". (ABNT NBR ISO 14040:2009, 2009, p.10)

A Figura 2.2 ilustra um sistema de produto de acordo com a definição da norma ABNT NBR ISO 14040:2009 (2009).

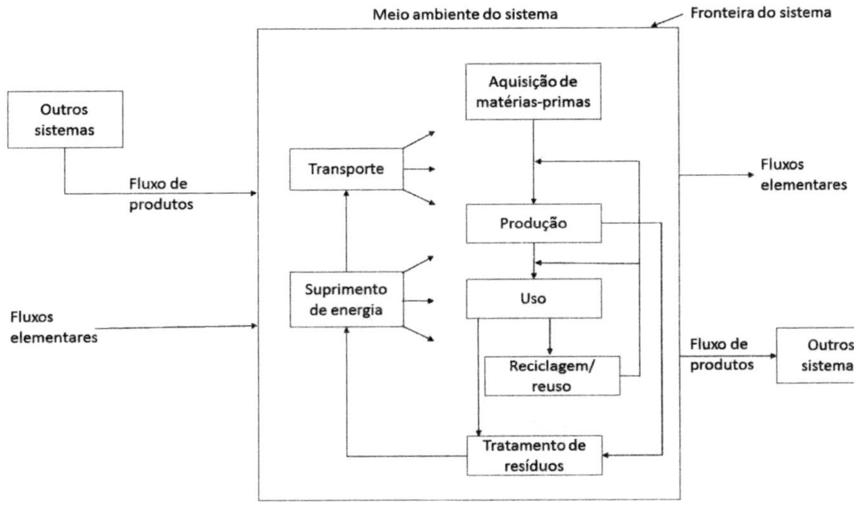

Fonte: ABNT NBR ISO 14040:2009 (2009, p.10)

Figura 2.2. Exemplo de um sistema de produto para ACV

Sistema pode ser definido também como um conjunto de elementos integrados e inter-relacionados visando alcançar um resultado ou um objetivo comum específico. O manual ILCD (International Reference Life Cycle Data System) define sistema como "qualquer produto, serviço, evento, cesta de produtos, consumo médio de um cidadão, ou objeto similar que é analisado num contexto de um estudo de ACV". (EC/ILCD Handbook, 2010a, p. 23)

Sistemas de produtos são conjuntos de processos elementares, conforme mostra a figura 2.3. Esses tipos de processos "são ligados uns aos outros por fluxos de produtos intermediários e/ou de resíduos para tratamento a outros sistemas de produto por fluxos de produto e ao meio ambiente por fluxos elementares" (ABNT NBR ISO 14040:2009, 2009, p.10). É muito comum dividir um sistema de produto em seus processos elementares visando facilitar as entradas e saídas do sistema.

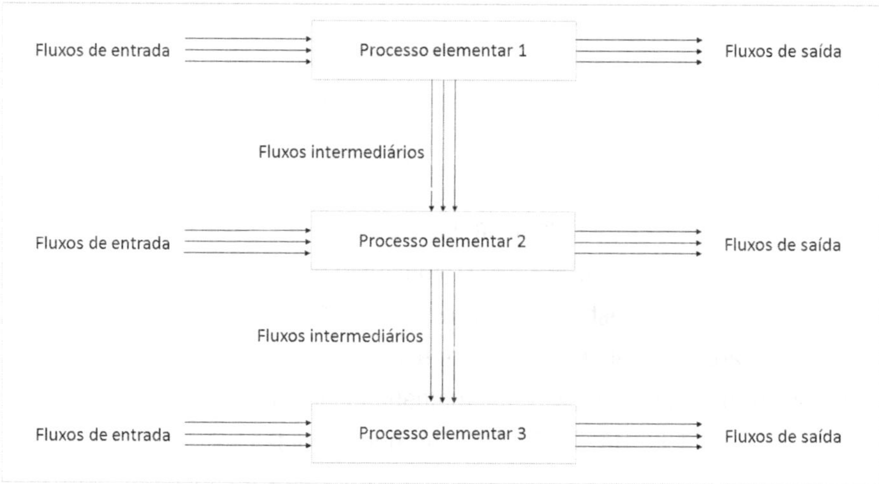

Fonte: ABNT NBR ISO 14040:2009 (2009, p.10) – Modificado

Figura 2.3. Exemplo de um sistema de produto para ACV

Os limites ou fronteiras do sistema incluem apenas o que é relevante ao estudo e define as partes e processos pertencentes ao ciclo de vida do produto, processo ou serviço que deverão ser analisados. Por exemplo, o que é requerido para a definição da função e unidade funcional.

Na definição dos limites do sistema deverão ser considerados alguns aspectos, como: materiais e componentes; a natureza infinita do sistema de produção / limites de corte, e; a capacidade inicial e de expansão do sistema.

Diferentes tipos limites definem as fronteiras do sistema (datasets): do Portão a Portão (Gate to Gate), do Berço ao Portão (Cradle to Gate) e do Berço ao Túmulo (Cradle to Grave). Cada tipo de limite preenche uma função específica como módulo para uso em outros estudos de ACV. A Figura 2.4 ilustra os limites do sistema.

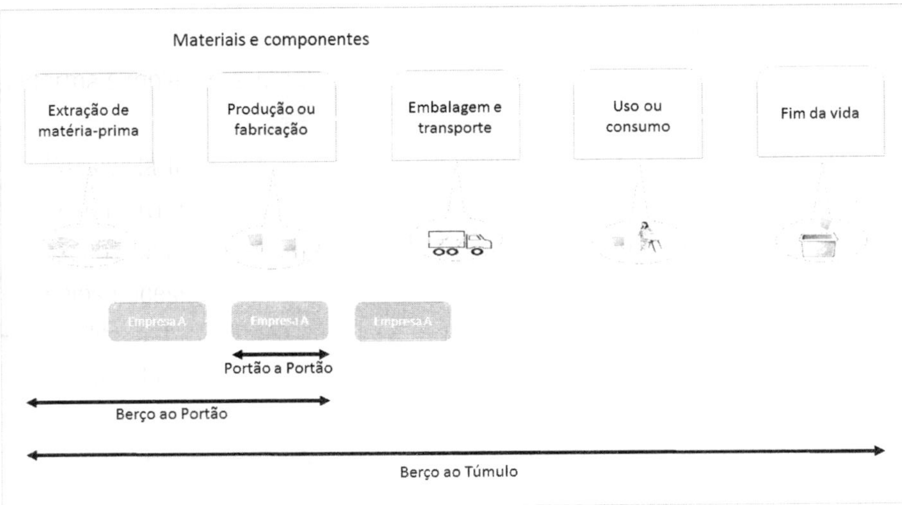

Fonte: Elaborado com base em EC/ILCD Handbook (2010a)

Figura 2.4. Limites do sistema

2.5. Origem e significado de dataset

Dataset é termo muito utilizado pelos profissionais de sistemas, significando um conjunto de dados, ou um arquivo de dados, geralmente magnético ou digital. No caso da ACV, diz respeito a um arquivo, podendo também ser um documento, com informações sobre o ciclo de vida de um produto, processo ou serviço específico ou outra referência que contenha metadados descritivos e inventário de ciclo de vida com informação quantitativa ou dados de avaliação de impacto do ciclo de vida. Dataset pode ser também entendido como parte de uma base de dados.

Metadados referem-se a uma descrição sobre dados de um arquivo, ou seja, "dados sobre dados".

O Quadro 2.2 apresenta a descrição sobre a extensão ou abrangência dos limites do sistema.

Quadro 2.2. Descrição dos limites do sistema

Limite	Abrangência
Do Portão ao Portão *(Gate to Gate)*	Leva em consideração uma pequena parte do ciclo de vida de um produto, processo ou serviço, desde a aquisição do material ou componentes (recursos) até o fim do processo produtivo. Ou seja, considera os recursos, o fluxo de material e os impactos que ocorrem dentro da empresa.
Do Berço ao Portão *(Cradle to Gate)*	Leva em consideração a avaliação de parte do ciclo de vida de um produto, processo ou serviço, desde a extração dos recursos naturais do solo até o fim do processo de produção. Ou seja, considera os recursos, o fluxo de material e os impactos que ocorrem desde a extração da matéria-prima até o fim do processo produtivo dentro da empresa.
Do Berço ao Túmulo *(Cradle to Grave)*	Leva em consideração a avaliação de todos os impactos do ciclo de vida completo e tudo que ocorre em cada fase do ciclo de vida de um produto, processo, ou serviço, desde a extração dos recursos naturais do solo, passando pelas fases de produção, ou fabricação, transporte, uso, reciclagem e a respectiva disposição final. Ou seja, considera os recursos, o fluxo de material e os impactos que ocorrem desde a extração da matéria-prima até o fim do ciclo de vida do produto e seu destino final ou o seu reaproveitamento, reutilização, reciclagem, etc., podendo incluir a logística reversa.

Fonte: Elaborado com base em EC/ILCD Handbook (2010a)

2.6. Critérios de avaliação sobre os limites do sistema

O estabelecimento dos critérios de avaliação na definição dos limites do sistema é uma questão de coerência com o objetivo e escopo da ACV.

Na definição desses critérios, alguns fatores devem ser levados em consideração, tais como:

- Os impactos globais – Aquecimento e destruição da camada de ozônio;
- Impactos regionais – Toxidade humana, poluição, eutrofização territorial e aquática, acidificação;
- Impactos locais – Odor, uso da terra, acumulo da toxidade; esgotamento dos recursos hídricos subterrâneos e de outros recursos, como alumínio, carvão, petróleo, água doce, biomassa florestal.

2.7. A questão temporal

A ACV não diferencia os impactos no momento em que eles ocorrem, uma vez que em alguns casos o impacto leva décadas ou centena de anos para acontecer, como é o caso de alguns resíduos. Por isso, um horizonte de tempo, geralmente de 100 anos, deve ser estimado nos estudos de ACV.

Alguns dos fatores que devem ser considerados na definição do horizonte temporal do impacto são:

- Não é levado em consideração o intervalo de tempo ou, mais precisamente, a "integração ao longo do tempo"
- A estrutura ilimitada do tempo
  - Tempo restante após o horizonte estimado na avaliação, por exemplo, do carbono sequestrado e toxidade captada.
  - Construção de estrutura de longo prazo: mudanças no sistema devem ser consideradas, como:
    - Geração, composição, população
    - Política, sistemas energéticos, etc.

O gasto de energia, o reuso e a reciclagem de resíduos são também aspectos a serem considerados na definição dos limites do sistema, conforme mostra a Figura 2.5.

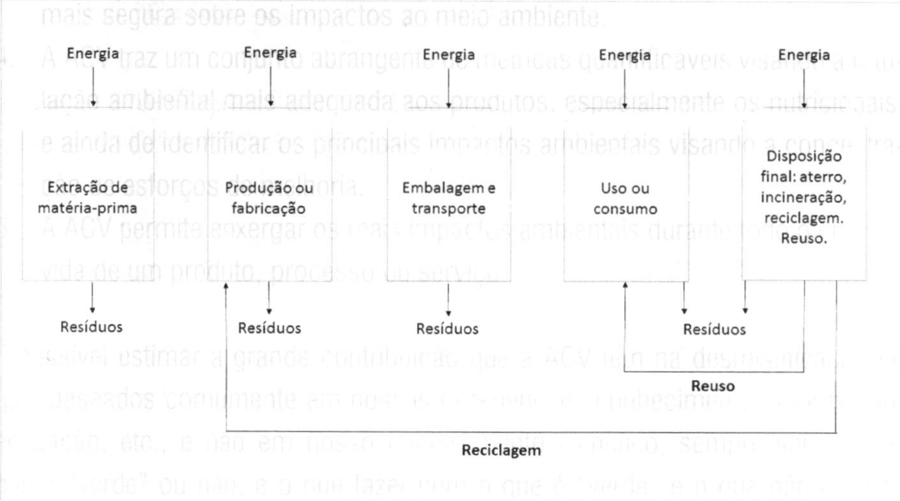

Fonte: Elaboração própria

Figura 2.5. Aspectos sobre os limites do sistema.

"A perfeição não é alcançada quando não há mais nada a ser incluído,
mas sim quando não há mais nada a ser retirado".

Antoine de Saint-Exupéry (1900-1944), ex-piloto na 2ª Guerra Mundial e autor do livro O Pequeno Príncipe.

3. Análise de Inventário

Neste capítulo serão aprofundados os conceitos sobre a **segunda fase da ACV**, a análise de inventário sobre o estudo, conforme ilustra a Figura 3.1.

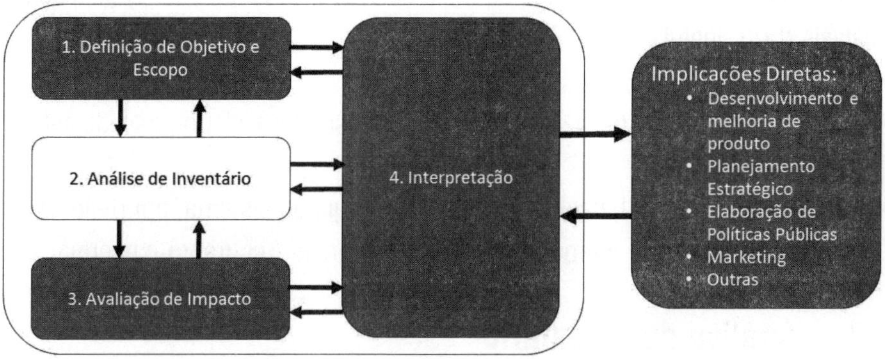

Fonte: ABNT NBR ISO 14044:2009 (2009) – Adaptado

Figura 3.1. Fase 2 da ACV

3.1. Inventário do Ciclo de Vida (ICV)

A Análise de inventário de ciclo de vida ou ICV é a segunda fase de Avaliação do Ciclo de Vida e envolve a compilação e a quantificação das entradas e saídas de um sistema de produto durante o seu ciclo de vida. (ABNT NBR ISO 14040:2009, 2009)

Na fase de Inventário de ciclo de vida (ICV), são recolhidos os dados, os sistemas são modelados, e os resultados da ACV são obtidos.
Esta é uma das fases mais importantes dos estudos de ACV, pois nela é que são geradas ou atualizadas as bases de dados de inventário. Nenhum estudo pode prescindir de uma base de dados devidamente confiável e atualizada. Por isso, preparamos um capítulo exclusivo que descreve as bases de dados e os softwares de ACV – ver Capítulo 6.

O estudo da Análise do Inventário de Ciclo de Vida (AICV), ou Life Cycle Inventory Analysis (LCI), inclui:

- A coleta de dados;
- Os procedimentos de cálculo dos dados visando a elaboração do relatório (inventário);
- A realização de um balanço de massa e energia do sistema, por meio da definição dos fluxos de entrada e saída dos materiais (recursos) e energia.

3.2. Análise de Inventário

A Análise do Inventário de Ciclo de Vida é semelhante à Análise do Fluxo de Materiais (Material Flow Analysis – MFA) e se preocupa em:

- Descrever todas as entradas (inputs) e saídas (outputs) de ciclo de vida completo de um produto – do berço ao túmulo;
- Quantificar os recursos e energia consumidos, e as emissões ambientais associados a todos os processos e atividades de um sistema.

Além disso, todo material e energia devem ser informados na respectiva relação das entradas. As saídas incluem os produtos ou serviços desejados, bem como subprodutos, resíduos, as emissões pós-tratamento (pós-processo de manufatura), aterros e combustão.

Para facilitar o desenvolvimento de uma base de dados para cada etapa ou passo do processo da unidade funcional, é usado um instrumento, o Diagrama de Fluxo de Vida (DFV). A principal função desse diagrama é ligar cada processo aos demais processos relacionados à montante (em direção ao fornecimento dos insumos) e à jusante (em direção à aquisição dos produtos ou serviços) da cadeia produtiva, incluindo a produção de combustível utilizado, conforme apresenta a Figura 3.2.

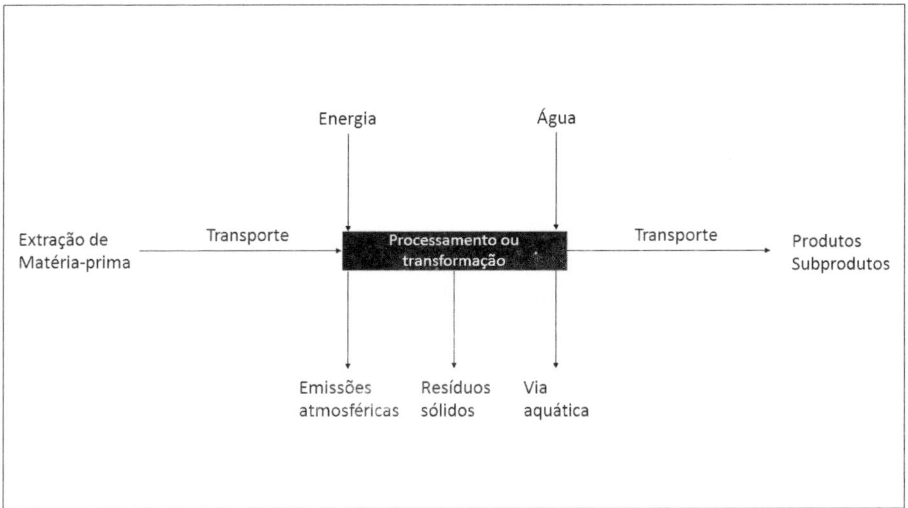

Figura 3.2. Diagrama do Fluxo de Vida (DFV)

A Figura 3.3 serve para ilustrar como o DFV é usado. Observem que as entradas são os resíduos que serão processados com o fim de transformá-los em produtos remanufaturados, ou que servirão de insumos em outro processo produtivo. Além dos resíduos, o combustível, a água, etc., são insumos auxiliares do processo de transformação. Observem também que o processo de transformação gera dois tipos de saídas, as indesejáveis (emissões para a atmosfera, emissões para o solo e efluentes), e as desejáveis, que são os insumos de remanufatura e os que poderão ser usados na terra, como insumos de compostagem, por exemplo.

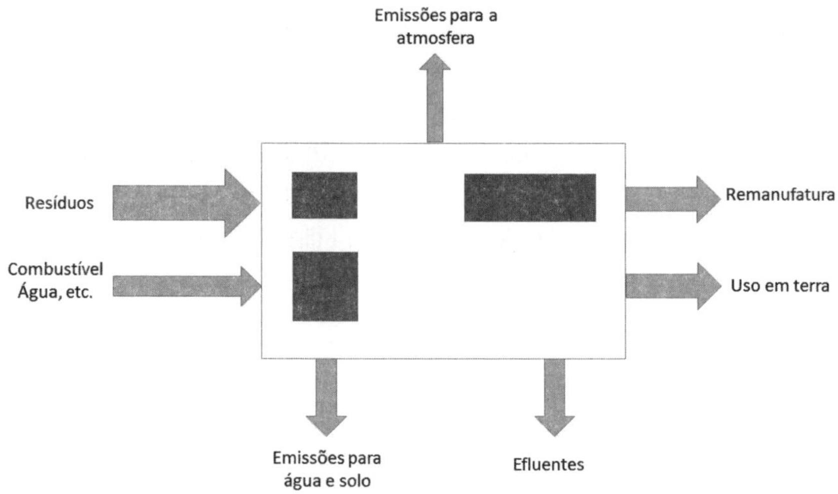

Fonte: LEVIS, BARLA e ANGAARD (2014) – Modificado.

Figura 3.3. Exemplo de uso Diagrama do Fluxo de Vida

Ao se elaborar a análise de inventário, é preciso levar em consideração que a identificação dos limites do sistema é crítica (o que deve ser incluído e o que pode ser ignorado), que a definição de limites estreitos do sistema pode levar à avaliação inexata do ciclo de vida, e que limites amplos podem levar a efeitos "circulares".

Deve-se também atentar para a necessidade de relacionar no DFV todas as entradas (materiais e recursos) e as saídas do sistema, incluindo os resíduos e as emissões ao meio ambiente), processo-a-processo, envolvidos no ciclo de vida do produto.

3.3. Pesquisa ou coleta de dados para a elaboração da análise de inventário do ciclo de vida

A análise de inventário é feita em dados já existentes e disponíveis em bases de dados também existentes, ou atualizando estas bases, ou ainda criando nova base de dados, que serão alimentadas por meio de pesquisas com esta finalidade. Algumas organizações desenvolvem, alimentam e atualizam, com certa frequência, bases de dados que são comercializadas no mercado de ACV, conforme já mencionado antes e que poderá ser visto mais detalhadamente no Capítulo 6.

A coleta de dados costuma ser a etapa mais trabalhosa da análise de inventário. E, embora já exista uma boa variedade de bases de dados no mundo que poderiam facilitar sua busca e respectivo uso, elas nem sempre ajudam, uma vez que cada base foi construída com objetivos e escopo regional ou local. Assim, uma mesma informação pode estar disponível em várias bases, mas com o formato padrão ou registro específicos de um país, região ou local.

No caso do Brasil, dada a sua diversidade local e regional, este fato é um grande empecilho para o uso de bases de dados estrangeiras, além dos fatores de acesso e uso, cujo custo de assinatura não é nada barato, o que muitas vezes inviabiliza seu uso.

Como argumentam Goedkoop e Oele (2001), o verdadeiro trabalho árduo em qualquer Inventário de Ciclo de Vida é a coleta de dados e o seu respectivo tratamento. Há uma série de fontes de dados a ser pesquisada, tais como os fornecidos:

- bases de dados comerciais;
- setores da indústria;
- base de dados nacionais;
- universidades e centros de pesquisas;
- dados da literatura especializada, etc.

3.4. Algumas das bases de dados disponíveis

Os softwares de apoio à realização de estudos sobre avaliação do ciclo de vida usam bases de dados de onde obtêm informações para a elaboração deste tipo de estudo – ver Capítulo 6. Dentre as bases já construídas e disponíveis estão:

- Ecoinvent – É uma das maiores bases de dados sobre inventário de ciclo de vida do mundo (coerente e transparente). A Ecoinvent, com sede na Suíça, fornece uma base de dados bem documentada para o processo de análise do ciclo de vida para milhares de produtos, auxiliando na escolha de informações confiáveis sobre seu impacto ambiental. A versão mais recente (Ecoinvent 3.2) baseia-se em todas as versões anteriores[1]. O uso desta base tem um custo que faz parte de um contrato que deve ser firmado com o seu fornecedor.

    - NREL - É outra boa base de dados sobre inventário do ciclo de vida, de acesso livre, cujo fornecedor está sediado nos Estados Unidos da América.

        - Trata-se de uma base de dados do Laboratório Nacional de Energia Renovável – National Renewable Emergy Laboratory (NREL)[2];

        - Considerando o alto custo de acesso a bases de dados do gênero, esta tem a vantagem do seu acesso ser gratuito.

A NREL tem em sua base datasets desde o ano de 1900 até a atualidade, e de tendência para alguns anos à frente, embora apenas a partir do ano 2000 é que a quantidade de datasets passou a ser mais expressiva.

- A base tem registros de 24 categorias, apresentadas a seguir (o número entre parênteses diz respeito à quantidade de datasets disponíveis por categoria de impacto, atualmente: março de 2016):

---

[1] A base de dados Ecoinvent pode ser acessada pelo link: http://www.ecoinvent.org/

[2] A base de dados NREL pode ser acessada pelo link: https://www.lcacommons.gov/nrel/search

1. Transporte aéreo (1);
2. Biomassa (3);
3. Indústria Química (131);
4. Processos Químicos (2);
5. Indústria Agricola (62);
6. Equipamentos da Indústria Eletroeletrônica (10);
7. Componentes da Indústria de Metal (12);
8. Silvicultura e exploração florestal (111);
9. Fabricação de vidro e produtos de vidro (1);
10. Mineração, exceto de petróleo e gás (6);
11. Produto de mineral não metálico (4);
12. Extração de gás (3);
13. Fabricação de papel (47);
14. Manufatura de produtos das indústrias de petróleo e de carvão (20);
15. Manufatura de produtos de plástico e borracha (23);
16. Manufatura primária de metal (44);
17. Transporte rodoviário (1);
18. Transporte terrestre de passageiros (46);
19. Transporte de equipamentos manufaturados (5);
20. Transporte de caminhões (102);
21. Utilitários (129);
22. Serviço de tratamento e remediação de lixo (22);
23. Transporte de água (6);
24. Produtos da indústria madeireira (174).

Além das bases já citadas, outras se destacam[3]:

- ProBAS Database – Alemanha. Idioma: alemão (PROBAS, 2015);

[3] Para acessar uma boa variedade de informações sobre base de dados sobre ICV, acesse o link a seguir: http://www.osti.gov/nle/topicpages/c/cycle+inventory+forms.html#

- CPM LCA database – Suécia (TIVANDER, 2013);
- MiLCA Software – Japão. Idioma: japonês (MiLCA, 2012);
- AUSLCI – Austrália (AUSLCI, 2012);
- ELCD – Comissão Europeia (EC) – Base de dados regional (ELCD, 2015);
- IVAM LCA Data 4 – Holanda (IVAM University of Amsterdam bv);
- KITECH – Korea National Cleaner Production Center LCI Database (Instituto da Indústria e de Tecnologia da Coreia).

3.5. Desenvolvimento de bases de dados próprias

As bases internacionais, que são as mais desenvolvidas e atualizadas com maior frequência dada a especificidade dos dados nelas armazenados em virtude do clima, condições ambientais, hábitos e costume da população de cada país, não são as mais adequadas aos estudos brasileiros. Daí a iniciativa de alguns órgãos e instituições de desenvolverem bases de dados próprias. Considerando que o desenvolvimento dessas bases ainda está em fase inicial, muitas vezes os estudos a serem feitos vão requerer pesquisas de campo específicas a fim de levantar os dados requeridos. Nesses casos, não há muito o que fazer a não ser recorrer às tradicionais ferramentas e metodologias de pesquisa. Para isso, recomenda-se adotar alguns procedimentos de práxis, como:

- Pesquisar se já existem instrumentos de coleta de dados apropriados à finalidade a que se destinam, fazer as adaptações (em caso de necessidade), e usá-los;
- Desenvolver seus próprios instrumentos de coleta de dados, não se esquecendo de testá-los por meio de uma fase piloto, ou por simulações;
- Fazer os ajustes necessários e usá-los.

A maneira de levantar os dados, nestes casos, também não é muito diferente dos procedimentos tradicionais de levantamento de dados, podendo ser feito por meio das seguintes técnicas de pesquisas:

- Observação direta;
- Pesquisa de campo;
- Realização de entrevistas;
- Aplicação de questionários, etc.

Uma vez concluída a fase de levantamento, é preciso tomar alguns cuidados para tornar os dados coletados "puros" e confiáveis. Para isso, recomenda-se:

- Fazer modelagem para conhecimento do processo;
- Submeter a um processo de crítica rigoroso, visando eliminar as discrepâncias, reduzir incertezas e inconsistências e "depurar" os dados;
- Fazer medições e comparar os resultados;
- Avaliar o desempenho médio.

3.6. Mineração de dados

O processo de mineração de dados pode ser uma boa alternativa para resolver o problema com os dados ou complementar os dados que faltam para o estudo. A mineração de dados refere-se ao processo de análise de dados de diferentes perspectivas e resumindo-os em informações úteis, cuja principal finalidade é encontrar correlações ou padrões, entre dezenas de campos em grandes bancos de dados relacionais.

Algumas iniciativas em andamento merecem ser destacadas:

- No Brasil, encontra-se em desenvolvimento um "Inventário de Ciclo de Vida para a Competitividade Ambiental da Indústria Brasileira (SICV Brasil)", cuja iniciativa começou em 2006. A ideia é, por meio de projetos pilotos nos diversos segmentos da indústria brasileira, gerar bases de dados satélites (ANDRADE, 2014) em conformidade e aderentes às categorias de impactos do meio ambiente nacional.

- A compilação das diversas bases satélites formará um banco de dados consolidado, o ICV Brasil. Esse modelo de banco de dados para ICV segue o modelo ELCD 3.2 (2015), fornecido pela European Reference Life Cycle Database, da Comissão Europeia, parceira do projeto brasileiro. Além da Comissão Europeia, diversos órgãos governamentais, Universidades e algumas empresas de direito privado comungam dessa parceria (LAMB, 2010).

- O planejamento, na mineração, é muito importante para reduzir a incerteza e aumentar a precisão na coleta de dados e o acesso a informações, especialmente na etapa de uso dos produtos, pois hábito e costume dos consumidores variam muito, e muitas vezes sequer são conhecidos, o que leva ao uso de dados oriundos de estimativas (BAUMANN e TILLMAN, 2004).

- Outra dificuldade encontrada na fase de coleta é a necessidade de obter dados de fornecedores primários, dificuldade esta que aumenta na medida em que a fonte de coleta na cadeia produtiva vai se afastando da indústria, como é o caso da coleta de dados de fornecedores de 2ª Camada, ou seja, fornecedores de fornecedores.

- Nesse caso, existe uma variável "grau de relacionamento" que pode influenciar na disponibilização de informações. O mote do estudo e sua posterior utilização podem ser impeditivos à liberação de informações. (ANDRADE, 2014. p. 64)

3.7. Potencialidade do balanço de massa, energia e emissões

Balanço de massa, ou balanço dos materiais, como também é conhecido, trata-se de uma aplicação da conservação de massa para a análise de sistemas físicos que é realizada pela contabilização de tudo o que entra e sai de um sistema em estudo (entradas e saídas e seus fluxos). A contabilização das entradas, saídas e seus fluxos desconhecidos ou de difícil mensuração torna-se viável com esta técnica. Ela está relacionada à conhecida Lei de Conservação de Massa, isto é, a matéria não pode desaparecer ou ser criada espontaneamente. A contabilidade pode ser feita de três maneiras:

- Pelo balanço de massa
    - Todo lixo e resíduos gerados devem ser rastreados (nada pode ser esquecido). Toda emissão pode ser conceitualmente identificada pela avaliação de todas as descargas a partir do sistema de resíduos, sejam elas intencionais ou não.

- Pelo Inventário de Energia
    - Toda energia consumida é conhecida (combustível, energia, etc.).
    - Toda energia gerada como output (saída) pode ser aproveitada.

- Pela Contabilidade das emissões
    - Cargas ambientais diretas podem ser monitorizadas, avaliadas e reduzidas.
    - Emissões indiretas ou pré-combustão são incluídas.

A seguinte fórmula pode ser usada no cálculo do balanço de massa: Entradas - Saída + Geração - Consumo = Acumulação.

A Figura 3.4 ilustra o processo de contabilização do balanço de massa. Observe que o total de 35.000 toneladas de insumos (entradas) é distribuído em: a) compostagem (12.200 ton.); b) aterro (17.500 toneladas); e c) fabricação de papel (3.500 toneladas). Este processo gera como saídas: a) 3.500 toneladas de composto; b) 3.500 toneladas resultantes do decaimento exponencial ao longo de décadas para uso, como os gases provenientes de aterros, ou LFG (Landfill Gas); c) 4.970 toneladas de papel; e d) 120 toneladas de carvão. Como emissão, são geradas: a) 8.370 toneladas de gás carbono e água; e b) 1.000 toneladas resultantes do decaimento exponencial ao longo de décadas de CH_4, CO_2 e H_2O. E mais, no processo de compostagem são geradas 670 toneladas que são transferidas para o aterro, e no processo de manufatura 210 toneladas vão também para aterro.

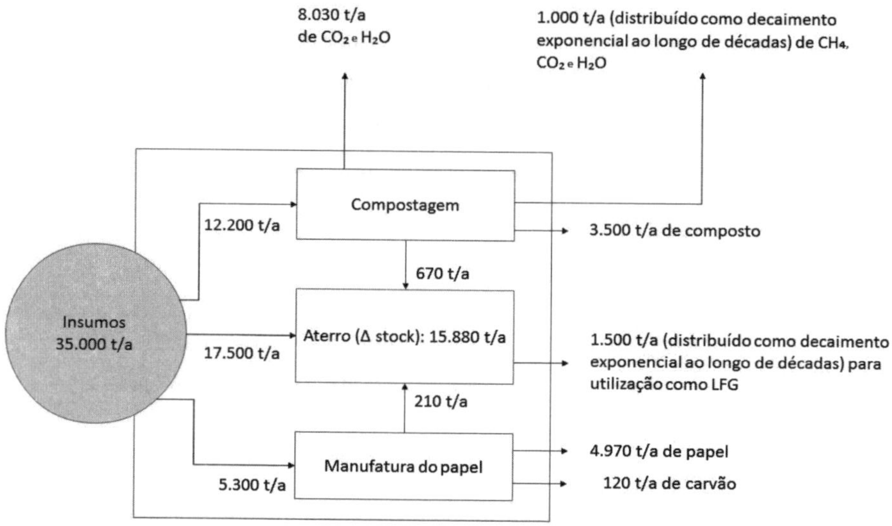

Fonte: LEVIS, BARLA e DANGAARD (2014) – Modificado.

Figura 3.4. Exemplo de um processo de balanço de massa

3.8. Emissões da Pré-combustão

As emissões da pré-combustão ("well-to-pump" ou "well-to-tank") são associadas à extração, ao processamento e ao transporte de combustíveis (por exemplo, carvão, diesel e gás natural) antes do uso destes materiais.

A Figura 3.5 mostra um macroprocesso de pré-combustão na linha de petróleo ou well-to-well (100%). Observe que este processo compreende três etapas até chegar à combustão propriamente dita: processo de extração/produção de óleo cru, processo de refino e processo de distribuição (produção ou well-to-tank, na ordem de 15% do processo); combustão de unidade de energia (tank-to-well, ou consumo, na ordem de 85% do processo).

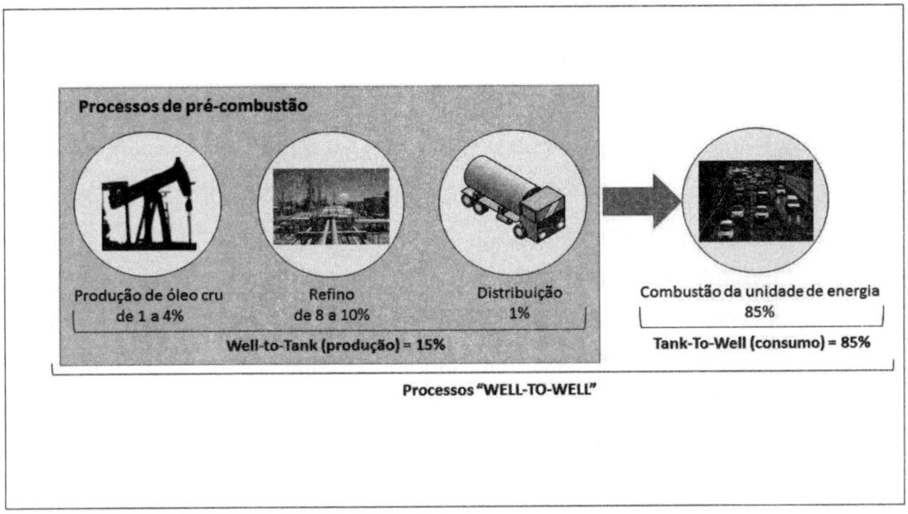

Fonte: LEVIS, BARLA e DANGAARD (2014) – Modificado.

Figura 3.5. Exemplo de um macroprocesso de pré-combustão

A reciclagem proporciona muitos benefícios. Quando o material reciclável é transformado em produtos:

- O consumo de recursos e as emissões são associados com materiais recicláveis, coleta, separação e reprocessamento;
- A extração, o processamento e o transporte de algum material virgem são evitados com a redução do consumo e de emissões.

A combustão significa a produção de energia líquida e compensa a energia produzida a partir de concessionárias.

O gás de aterros pode também ser transformado em energia.

3.9. Substituição de material e processo de obtenção de crédito na reciclagem de materiais

As emissões líquidas são resultantes das emissões do processamento de materiais recuperados, menos as emissões da produção virgem poupada. Caso o reprocessamento e a produção virgem tenham ocorrido no mesmo lugar, na mesma planta ou fábrica e no mesmo processo, é mais fácil fazer a estimativa sobre os benefícios da reciclagem. Por outro lado, se o reprocessamento ocorre em uma instalação independente (por exemplo, fábrica de papel), não existe uma ligação direta entre o reprocessamento e a produção virgem, dificultando a estimativa dos benefícios.

3.10. Resultados da Análise de Inventário

O principal produto da fase de Análise de Inventário é a geração de um relatório, devendo ser o mais detalhado possível. Tal relatório deve quantificar o fluxo de/para o ambiente (das entradas e saídas de insumos) de cada sistema estudado. Deve-se quantificar, por exemplo, os seguinte elementos:

- Matéria-prima, incluindo água;
- Uso de energia;
- Resíduos sólidos;
- Emissões atmosféricas;
- Emissões de água.

Embora possa ser difícil de interpretar os resultados das emissões – por exemplo, muitas emissões diferentes podem levar a resultados ambíguos – é esperado que do relatório de inventário seja possível tirar muitas conclusões. A Figura 3.6 mostra alguns dos elementos de um relatório de inventário.

Substância	Alternativa A		Alternativa B	
	Para o ar	Para água	Para o ar	Para água
Amônia	3.2E-04	5.9E-04	3.7E-05	4.2E-05
Arsênico (As)	3.7E-06		1.4E-07	
Benzeno	6.0E-02		5.0E-02	
Chumbo (Pb)	1.3E-05		6.1E-07	
Cádmium (Cd)	6.3E-07		3.1E-08	
Dióxido de Carbono	2.6E+02		4.5E+01	
Monóxido de Carbono (CO)	5.4E-01		1.5E-01	
Cloro (Cl2)	5.6E-04		4.6E-04	
Crômio (Cr VI)	1.9E-06	6.0E-04	7.3E-08	
Óxido Nitroso (N2O	2.3E-02		3.3E-03	
Dioxina	1.0E-12			
Cobre (Cu)	6.5E-06		2.9E-07	
Mercúrio (Hg)	6.1E-07		2.3E-08	
Metano	6.8E-03		1.2E-03	7.9E-06
Níquel (Ni)	1.7E-04		8.2E-06	
Óxido de Nitrogênio	1.9E+00		3.0E-01	
Ácido Nítrico	8.0E-02		8.5E-02	
Ácido Hidro Clorídrico	2.4E-02		1.9E-02	
Selênio (Se0	1.2E-06		7.8E-08	
Dióxido de Enxofre	6.9E-01		1.2E-01	
Tolueno	5.7E-02		4.8E-02	
Zinco (Zn)	2.3E-05		9.9E-07	

Aquecimento global..................... 18,000
Depressão da camada de ozônio. 0
Acidificação.................................. 858
Toxidade humana......................... 23,000
Ecotoxidade.................................. 34.500
Uso da terra (espaço)................. 1.000
Volume de resíduo....................... 8.450

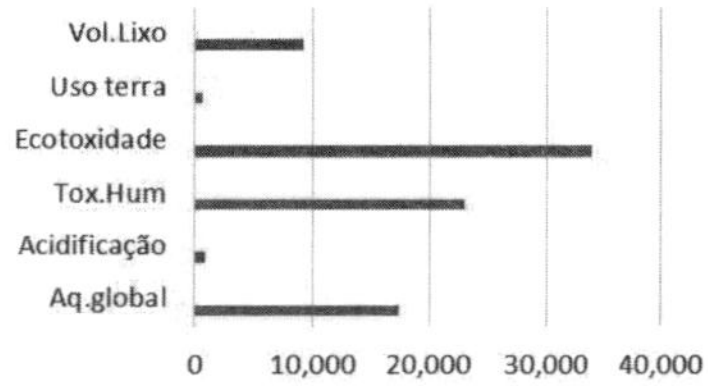

Fonte: M. Hauschild. DTU (2012), *apud* Tivander (2013) – Modificado.

Figura 3.6. Exemplo de um relatório de análise de inventário

Outra questão importante a ser considerada na Análise de Inventário do Ciclo de Vida diz respeito à escolha da metodologia. Desde o início dos anos 90, diversas metodologias voltadas para dar suporte à AICV começaram a ser desenvolvidas visando atender a diferentes interesses e objetivos, de acordo com as categorias de impactos a serem estudadas.

Para fins didáticos, adotamos neste livro o mesmo conceito usado pelo EC//ILCD Handbook (2010b, p. 3) (International Reference Life Cycle Data System), em que "Metodologia de Análise de Inventário de Ciclo de Vida" refere-se a uma coleção individual de métodos, que, juntos, dão suporte à caracterização das diferentes categorias de impacto. Um método então deve ser entendido como "um modelo de caracterização individual", enquanto que metodologia se refere a "uma coleção ou conjunto de métodos".

Algumas das metodologias mais conhecidas são (EC/ILCD HANDBOOK, 2010b, p.3; ARAÚJO, 2013, p. 91-93):

- CML 1992 – Primeira versão do método desenvolvido pelo Centro de Ciências Ambientais da Universidade de Leiden[4]. Depois desta primeira versão, vieram outras, como a CML 2001 e a CML 2002, esta incluindo várias categorias de impactos, como: depleção de ozônio, ecotoxicidade (humana, terrestre e de sedimentos), exaustão de recursos, potencial de acidificação, potencial de eutrofização, radiação, etc. Atualmente, este método inclui uma base de dados (CML-IA) que contém fatores de caracterização para a avaliação de impactos e um software de ACV (CMLA).

- Eco-Indicator 99 – Compreende os efeitos prejudiciais à saúde humana decorrentes da elevação do nível do mar, do aumento da malária e da temperatura (calor). O método é usado para calcular os danos do CO2 (gás carbônico) CH4 e N2O.

- EDIP 1997 – Método desenvolvido pela Universidade Técnica da Dinamarca, Agência Ambiental local e empresas EDIP (Environment Design of Industrial Products). Associa os dados de inventário com potenciais impactos ao meio ambiente, recursos e o ambiente de trabalho.

- EPS 2000d – Método voltado para suporte ao desenvolvimento de produtos, desenvolvido pela Universidade de Chalmers, Suécia. Neste método, a avaliação dos impactos é feita levando-se em consideração as seguintes áreas: biodiversidade, saúde humana, produção, recursos e valores estéticos com base na unidade monetária ELU (Environmental Load Units) usando índices calculados por meio do método de valoração contingente.

- Impact 2002+ – Desenvolvido pelo Instituto de Tecnologia Suíço de Lausanne. Visa combinar as abordagens orientadas à solução de problemas e danos

4 Institute of Environment Science (CML): https://www.universiteitleiden.nl/en/science/environmental-sciences

ambientais, associando os dados de inventário de 14 dimensões (midpoints) às categorias de impactos: saúde humana, qualidade do ecossistema, mudanças climáticas e recursos (QUANTIS, 2002).

- TRACE – Desenvolvido pela Agência de Proteção Ambiental dos Estados Unidos (US EPA - Environmental Protection Agency), o TRACE (Tool for the Reduction and Assessment of Chemical and other environment Impacts) é orientado a problemas e leva em consideração as seguintes categorias de impactos locais (exclusivas do território americano - EUA): acidificação, oxidação fotoquímica, eutrofização, ecotoxicidade e saúde humana (carcinogênicos, não carcinogênicos e poluição do ar). Inclui também as seguintes categorias globais: depleção de ozônio, aquecimento global e combustíveis fosseis.

"Ao longo dos séculos, nenhuma espécie foi mais ingrata com a natureza do que a raça humana, que recebe da própria natureza tudo de essencial para a sua subsistência, mas não tem o devido cuidado em preservá-la; ao invés disso, com suas ações e comportamento, mais tem feito para devastá-la".

Saulo Barbará de Oliveira

4. Avaliação do Impacto do Ciclo de Vida

Neste capítulo serão apresentados mais detalhadamente os conceitos sobre a **terceira fase da ACV**, a avaliação do impacto do ciclo de vida (AICV), mostrada na Figura 4.1.

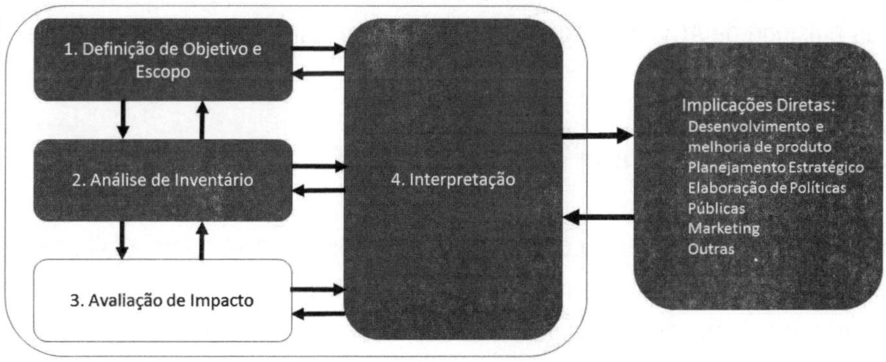

Fonte: ABNT NBR ISO 14044:2009 (2009) – Adaptado

Figura 4.1. Fase 3 da ACV

A Avaliação do Impacto do Ciclo de Vida (AICV) tem como entrada os dados do inventário, obtidos na fase anterior. Portanto, para que a AICV seja bem-sucedida, é preciso que, na fase 2, Análise de inventário, se produza um conjunto de alternativas possíveis. Para tal, é necessário que sejam quantificadas as mudanças referentes às propriedades do ambiente estudado e impactado que, na maioria dos casos, poderão requerer que seja feita a classificação de prioridade. É necessário também que as influências ambientais resultantes de atividades relevantes sobre propriedades ambientais específicas sejam quantificadas.

Para fazer a AICV, é tomada como referência uma unidade funcional. Assim, toda a avaliação, como a do impacto ambiental e de riscos, deve ser feita com base na unidade funcional selecionada, o que torna esta abordagem diferente de outras técnicas de avaliação.

Tal como nas demais fases da ACV, esta fase requer cuidados e planejamento visando buscar focar o objetivo e o escopo proposto no estudo da ACV. Como preconiza a ABNT NBR ISO 14040:2009, o pensamento sistêmico deve nortear todo o estudo de ACV, de modo a considerar as possíveis omissões e incertezas em todo o processo.

4.1. A incerteza nos estudos de ACV

Incerteza é um termo genérico, e por isso impreciso, que se refere à falta de certeza e precisão dos dados em metodologia escolhidos para levar adiante a ACV, como o uso de métodos duvidosos, dados incompletos, falta de transparência e fontes de informações não confiáveis.

A incerteza, nesse caso, se refere à "definição quantitativa", que leva em consideração a dispersão dos valores razoavelmente atribuídos a um parâmetro de avaliação.

As incertezas são tratadas e resolvidas por meio de análises de sensibilidade dos parâmetros atribuídos ao sistema em estudo e da construção de cenários alternativos, nos quais é possível estimar valores diferentes para os parâmetros do sistema, e assim fazer simulações ou cálculos dos possíveis impactos a serem gerados com o uso de diferentes cenários.

Toda incerteza precisa ser analisada visando a sua eliminação, o que, dada a complexidade do todo o processo de ACV, é muito difícil. Então, considerando esta dificuldade, é preciso reduzir a incerteza ao mínimo possível, finalidade esta da análise da incerteza.

A ABNT NBR ISO 14040:2009 (2009, p.5) define Análise de Incerteza como "procedimento sistemático para quantificar a incerteza introduzida nos resultados de uma análise de inventário do ciclo de vida pelos efeitos cumulativos da impressão dos modelos, incerteza das entradas e variabilidade dos dados". Tanto as distribuições de probabilidade quanto as faixas de probabilidade são utilizadas para determinar a incerteza dos resultados.

Algumas das possíveis maneiras de avaliar as fontes de incertezas e omissões são:

- Verificar se a quantidade de dados e resultados são suficientes para conduzir a AICV de acordo com a definição do objetivo e escopo do estudo;
- Verificar se a fronteira do sistema e decisões sobre corte de dados foram suficientemente revisadas para assegurar a disponibilidade dos resultados de ICV necessária para o cálculo dos resultados de indicadores para AICV;
- Verificar se a relevância ambiental dos resultados da AICV é reduzida devido ao cálculo da unidade funcional do ICV, à utilização de médias, à agregação e à alocação no âmbito do sistema.

A fase de AICV inclui a coleta de resultados para as diferentes categorias de impacto que, em conjunto, representam o perfil de AICV para o sistema de produto estudado.

4.2. Elementos da Avaliação do Impacto do Ciclo de Vida (AICV)

A AICV pode incluir elementos obrigatórios e opcionais (ABNT NBR ISO 14040:2009, 2009). Ao todo são 7 elementos, também chamados de passos. Três deles são obrigatórios e 4 opcionais.

4.2.1 Elementos obrigatórios

Os elementos obrigatórios são:

- **Seleção e definição das categorias de impacto, indicadores de categorias e modelos de caracterização** – Identificação das categorias de impactos relevantes (por exemplo, acidificação, toxidade terrestre, aquecimento global);

- **Classificação** – Correlação dos resultados de ICV às categorias de impacto selecionadas – atribuição dos resultados do Inventário do Ciclo de Vida às categorias de impacto (por exemplo, classificação das emissões de dióxido de carbono para o aquecimento global). Pergunta que se deve fazer sobre este elemento na hora de se fazer a classificação: "O que isso contribui para as emissões?";

- **Caracterização** - Cálculo dos resultados dos indicadores de categorias, podendo ser feitas modelagens de impactos do ICV das categorias de impacto utilizando fatores de conversão com base científica (por exemplo, modelagem do impacto potencial do dióxido de carbono e metano no aquecimento global). Para saber a importância da caracterização, deve-se questionar: "Quanto isto contribui?".

4.2.2 Elementos Opcionais

Dependendo do objetivo e escopo da ACV, além dos obrigatórios, outros elementos e informações podem e devem ser utilizados. Por exemplo, informações externas à estrutura da AICV podem ser utilizadas, com a recomendação de que sejam devidamente explicadas e descritas no relatório de AICV. Tais elementos se referem à "normalização, agrupamento, ponderação e análise da qualidade dos dados", cujo papel é destacado a seguir:

- **Normalização** – Cálculo da magnitude dos resultados dos indicadores de categoria com relação a informações de referência (expressão do impacto potencial relativo a uma situação de referência que deve ser previamente definida);

- **Agrupamento** – Agregação e possível hierarquização das categorias de impacto;

- **Ponderação** – Conversão e possível agregação dos resultados de indicadores entre as diferentes categorias de impacto utilizando fatores numéricos baseados em escolhas de valores, mantendo disponíveis os dados anteriores à ponderação (Classificação, agrupamento ou atribuição de pesos para diferentes potenciais de impacto – No momento da ponderação deve ser questionado: Quanto isto é importante no estudo a ser feito?);

- **Análise da qualidade dos dados** – Confiabilidade dos dados de entrada e resultados.

Transparência é a palavra chave na execução das atividades de apuração desses elementos. Por isso, todos os métodos e cálculos utilizados precisam ser fielmente documentados.

4.2.3 Entendendo melhor os elementos opcionais

Sobre a normalização

A normalização visa melhorar o entendimento sobre a magnitude relativa de cada resultado de indicador do sistema de produto que está sendo estudado. É um elemento importante para as finalidades expostas na Figura 4.2. A normalização transforma um resultado de indicador pela sua divisão por um valor de referência.

Exemplos de valor de referência (ABNT NBR ISO 14040:2009 (2009)

- Entradas e saídas totais para uma dada área de abrangência global, regional, nacional ou local;
- Entradas e saídas totais para uma dada área em uma base *per capita* ou outra similar;
- Entradas e saídas em um cenário de linha-base, como um dado sistema alternativo de produto.

É sempre recomendado que, na seleção do sistema de referência seja considerada a consistência da escala temporal e espacial do mecanismo ambiental e o valor de referência.

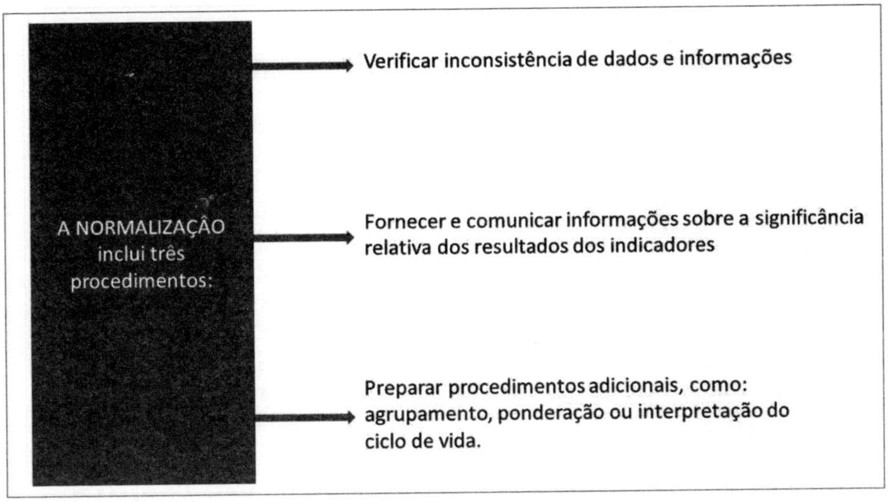

Fonte: Elaboração própria

Figura 4.2. Procedimentos da normalização

Sobre o agrupamento

O agrupamento representa a união de categorias de impacto em um ou mais conjuntos, em conformidade com o que está descrito na definição de objetivo e escopo.

A hierarquização é baseada na escolha de valores. Diferentes sociedades, organizações e indivíduos podem ter preferências variadas, possibilitando que outras partes cheguem a resultados diferentes de hierarquização com base nos mesmos indicadores, normalizados ou não.

A Figura 4.3 ilustra os procedimentos básicos do agrupamento.

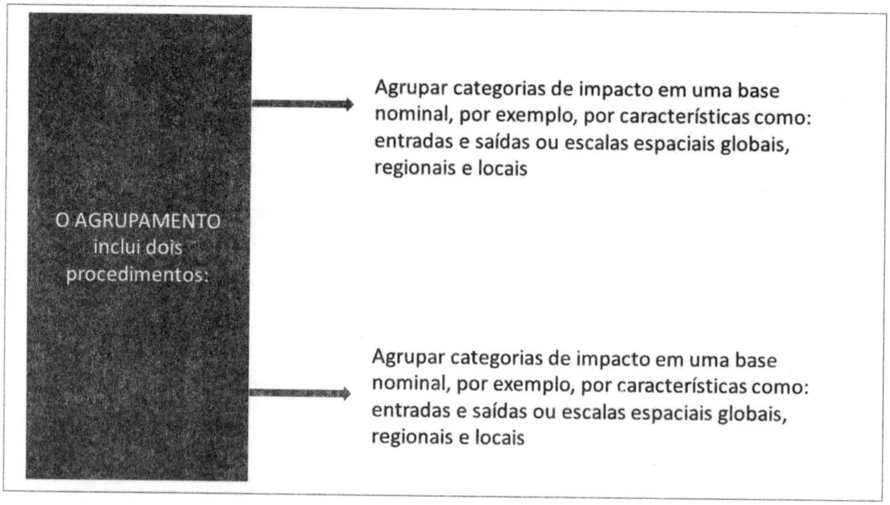

Fonte: Elaboração própria

Figura 4.3. Procedimentos do agrupamento

Sobre a ponderação

A ponderação representa o processo de conversão dos resultados de indicadores de diferentes categorias de impacto pelo uso de fatores numéricos com base na escolha de valores, podendo incluir a agregação dos resultados ponderados de indicadores.

Os procedimentos da ponderação são baseados na escolha de valores e não são embasados cientificamente. Diferentes sociedades, organizações e indivíduos podem ter preferências variadas, o que possibilita que outras partes cheguem a resultados de ponderação diversos com base nos mesmos indicadores, normalizados ou não. Por isso, num estudo de ACV pode ser necessário utilizar diferentes fatores e métodos de ponderação além de conduzir uma ou mais análises de sensibilidade para avaliar as consequências de fatores e métodos variados sobre os resultados da AICV.

A Figura 4.4 mostra os procedimentos básicos da ponderação.

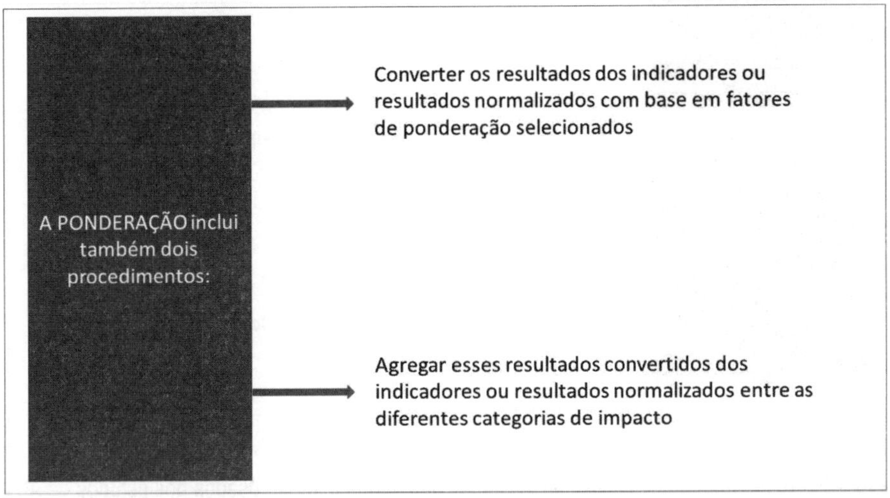

Fonte: Elaboração própria

Figura 4.4. Procedimentos da ponderação

Sobre a análise da qualidade dos dados da AICV

Para a melhor compreensão da significância, incerteza e sensibilidade dos dados de entrada e resultados da AICV, pode ser necessário utilizar técnicas e informações adicionais.

A necessidade de uso dessas técnicas depende da exatidão e do nível de detalhamento exigidos na descrição do objetivo e escopo da ACV.

A Figura 4.5 mostra os procedimentos básicos visando resguardar os cuidados necessários.

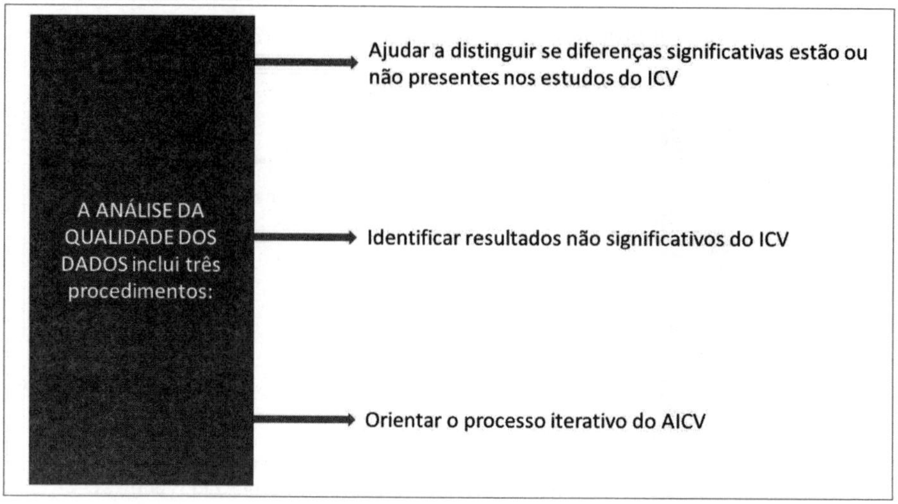

Fonte: Elaboração própria

Figura 4.5. Procedimentos da análise da qualidade dos dados a serem usados nos estudos de ACV.

A ABNT NBR ISO 14040:2009 (2009a) descreve três tipos de técnicas específicas para a realização da análise da qualidade dos dados: de contribuição, de incerteza e de sensibilidade, descritas na Figura 4.6).

Análise de Contribuição	Procedimento estatístico para a identificação de dados que tem maior contribuição para o resultado do indicador. Este tipo de análise possibilita, por exemplo, usar a análise de Pareto para priorizar a investigação visando garantir a tomada de decisões mais corretas.
Análise de Incerteza	Procedimento para determinar como a incerteza nos dados e pressupostos se propagam nos cálculos e como afetam a confiabilidade dos resultados da AICV.
Análise de Sensibilidade	Procedimento para determinar como mudanças nos dados e escolhas metodológicas afetam os resultados da AICV.

Fonte: Elaboração própria

Figura 4.6. Técnicas de análise da qualidade dos dados

Por ser uma atividade iterativa, o resultado dessas análises pode levar à necessidade de revisão da fase de ICV. No entanto, é importante observar que, por serem uma atividade complexa, os estudos de ACV podem requerer revisões frequentes tendo em vista minimizar a incerteza.

4.3. Divulgação pública da AICV para uso em afirmações comparativas

Quando for necessário fazer divulgações de afirmações comparativas da AICV para o público, é importante observar o que descreve a ABNT NBR ISO 14040:2009 (2009) sobre isso: há necessidade de se usar um conjunto suficientemente abrangente de indicadores de categoria, devendo as comparações serem feitas por categorias.

Ainda de acordo como ABNT NBR ISO 14040:2009 (2009, p. 29), os indicadores devem, pelo menos, ser:

- Válidos científica e tecnicamente, ou seja, utilizar um mecanismo ambiental específico e identificável e/ou observação empírica reprodutível;

- Ambientalmente relevantes, ou seja, ter ligações suficientemente claras com o(s) ponto(s) final(is) da categoria, incluindo características espaciais e temporais, mas não se limitando a elas.

4.4. Preparação para avaliação do impacto

A Avaliação do Impacto do Ciclo de Vida serve para agregar os dados de inventário visando apoiar a interpretação;
Adicionalmente, a normalização e a ponderação podem também ser usadas para facilitar e ajudar nesta tarefa;
A seleção de opções deve ser coerente com o objetivo e o escopo definidos no estudo.

A Figura 4.7 serve para esclarecer e ilustrar esse processo.

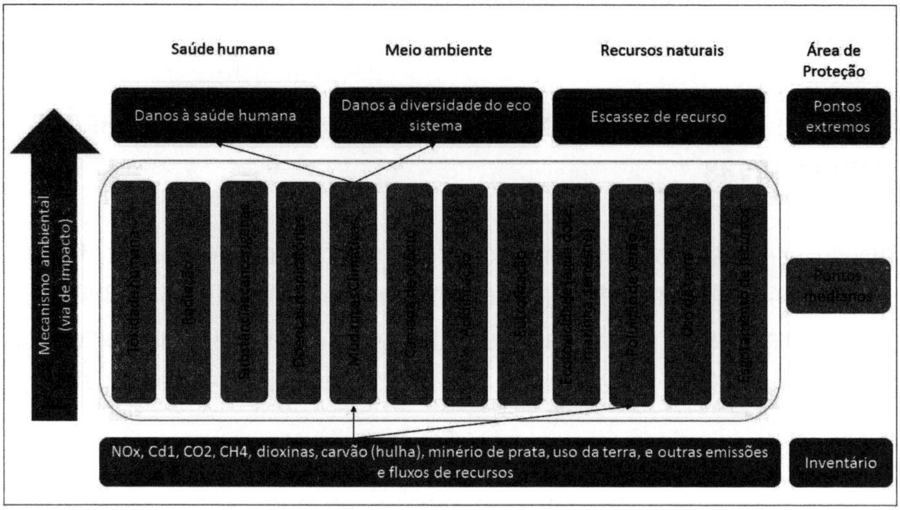

Fonte: EC/ILCD Handbook (2010a, p. 108) – Adaptado

Figura 4.7. Preparação para avaliação do impacto

A Figura 4.7 mostra:

a. Os impactos ambientais que causam dados à saúde humana, tais como toxidade, radiação, emissão de substâncias cancerígenas, doenças respiratórias e mudanças climáticas (bruscas e intensas, causadas pela emissão de substâncias tóxicas: gás carbônico, dioxinas, minério de prata, etc.);
b. O meio ambiente e danos à diversidade do ecossistema, como: mudanças climáticas, depressão da camada de ozônio, acidificação do solo e oceanos, e eutrofização;

c. Danos aos recursos naturais provocando a escassez de recursos, como: ecotoxicidade à água doce, marinha e terrestre, poluição, uso da terra e o esgotamento de recursos.

A Figura 4.7 mostra também os pontos extremos e medianos da área de proteção, e ainda os elementos que devem estar listados no relatório de inventário com seus impactos.

Observem também que esta figura auxilia significativamente na interpretação de uma complexa mistura de emissões, e chama nossa atenção para a necessidade de:

- Avaliar os potenciais impactos ao ambiente e à saúde humana, incluindo:
  - O potencial do aquecimento global
  - O potencial da poluição da atmosfera
  - O potencial de destruição da camada de ozônio
  - O potencial da acidificação
  - O potencial da eutrofização
  - O impacto na saúde humana e demais seres vivos (por exemplo, substâncias cancerígenas).

A acidificação é resultante do acúmulo de metais pesados no meio ambiente (por exemplo, no solo e oceanos)

A Figura 4.8 mostra exemplos de efeitos da acidificação, eutrofização, poluição atmosférica, etc.

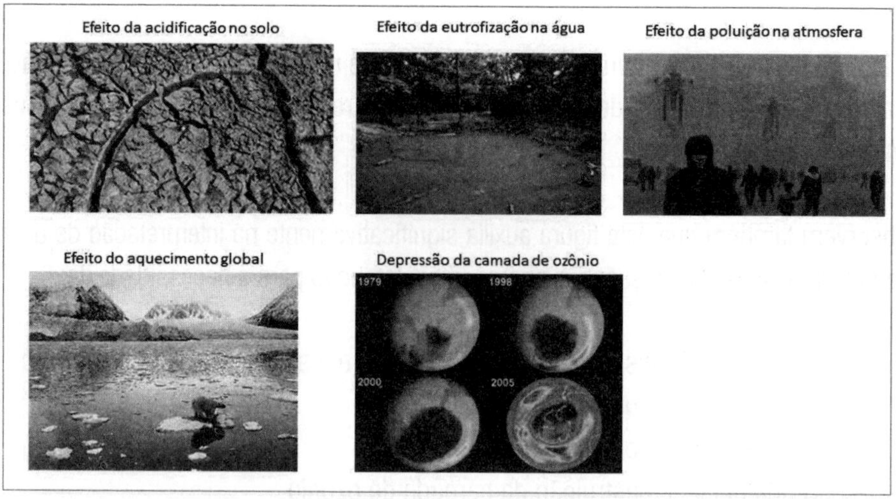

Fonte: Imagens Acidificação (2016); Imagens Eutrofização (2016); Imagens Poluição Atmosférica (2016); Imagens Aquecimento Global (2016); Imagens Depressão da Camada de Ozônio (2016).

Figura 4.8. Exemplos de diversos efeitos

".... Aprender não é enfadonho nem nada que só se possa fazer na escola. O ato de aprender é para se gozar todos os dias e durante a vida inteira".

Mary Budd Rowe (1925–1996), educadora de ciência americana e pesquisadora de educação.

5. Interpretação dos Resultados da Avaliação do Ciclo de Vida

Neste capítulo serão aprofundados os conceitos sobre a **quarta fase ACV**, a Interpretação dos Resultados da Avaliação do Ciclo de Vida (IRACV) (Figura 5.1).

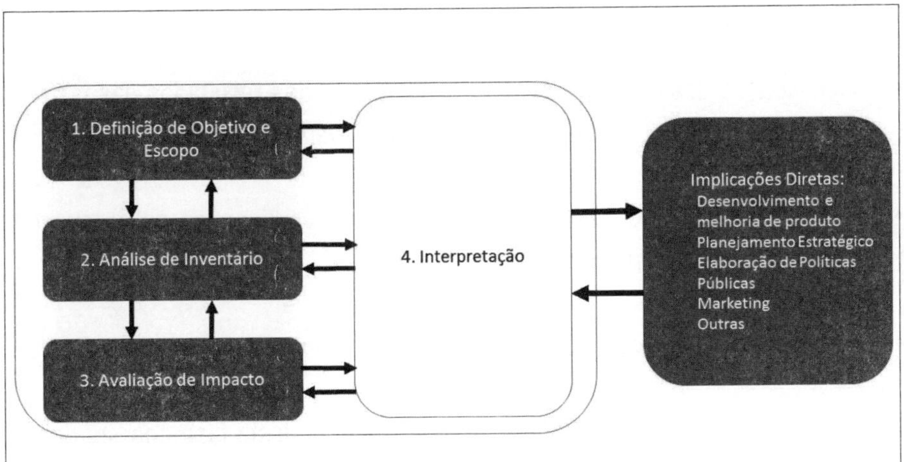

Fonte: ABNT NBR ISO 14044:2009 (2009) – Adaptado

Figura 5.1. Fase 4 da ACV

Última fase do processo de ACV, a Interpretação dos Resultados é uma técnica sistemática que visa identificar, quantificar, verificar e avaliar informações a partir dos resultados do Inventário do Ciclo de Vida e da Análise do Inventário do Ciclo de Vida e eficazmente comunicá-las ao público interessado.

A ABNT NBR ISO 14040:2009 (2009) define dois objetivos básicos da interpretação do ciclo de vida, com as seguintes preocupações:

- Analisar resultados, tirar conclusões, explicar limitações, prover recomendações baseadas nos resultados das fases anteriores da ACV e relatar os resultados da interpretação do ciclo de vida de uma forma transparente.

- Fornecer uma apresentação compreensível, completa e coerente dos resultados do estudo de ACV, de acordo com o seu objetivo e escopo.

5.1. Constituição da Análise e Interpretação do Inventário

Diversos elementos ou passos fazem parte desta fase, com destaque para:

- Identificação das questões significativas a partir dos resultados das fases de Inventário (ICV) e Análise e Interpretação do Inventário (AICV);

- Avaliação do estudo da ACV, considerando as verificações de completeza, sensibilidade e consistência;

- Elaboração das conclusões, descrição das limitações e recomendações.

A Figura 5.2 mostra o relacionamento dos elementos desta fase com as demais fases da ACV.

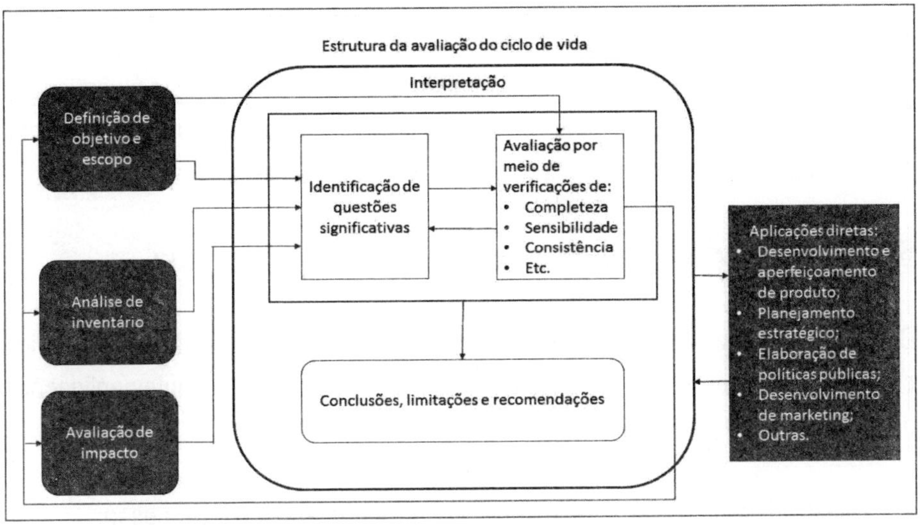

Fonte: ABNT NBR ISO NBR 14044:2009 (2009), p.24 – Adaptado.

Figura 5.2. Relacionamento dos elementos desta fase com demais fases da ACV

Ao observar a Figura 5.2, é fácil perceber que as fases 1 (Definição de Objetivos e Escopo), 2 (Análise de Inventário) e 3 (Avaliação de Impacto) são supridoras de informações para esta última fase do estudo de avaliação do ciclo de vida. Nota-se também, ao observar a figura, que a Interpretação dos Resultados consiste da identificação das questões mais importantes do estudo, somando-se a isso a necessidade de avaliar, por intermédio de verificações consistentes, a completeza, sensibilidade, consistência, etc., das informações fornecidas pelas fases anteriores. Nota-se ainda que o principal produto (saída) desta fase é a elaboração de um relatório completo, no qual deverão estar detalhadas as conclusões, limitações e recomendações do estudo sobre os impactos previstos.

No que se refere às fases anteriores, é importante destacar:

- As fases 1 (definição do objetivo e escopo) e 4 (interpretação dos resultados) enquadram o estudo, enquanto que as demais fases da ACV (2 – Inventário e 3 – Análise do Inventário) geram informações sobre o sistema de produto;

- Os resultados das fases 2 e 3 devem ser interpretados de acordo com o objetivo e escopo do estudo e a interpretação deve incluir a avaliação e verificação de sensibilidade em relação às entradas, saídas e escolhas metodológicas significativas, tendo em vista o entendimento da incerteza dos resultados.

5.2. Relatório Final da Avaliação do Ciclo de Vida

Com o principal produto esperado do estudo sobre a Avaliação do Ciclo de Vida completo, o relatório final terá potencial importância para as seguintes aplicações diretas:

- Desenvolvimento e aperfeiçoamento do produto, serviço e processo;
- Planejamento estratégico do produto, serviço e processo;
- Elaboração de diversas políticas públicas, especialmente voltadas para a sustentabilidade;
- Elaboração de normas diversas, como: normas técnicas, de melhoria da qualidade de produtos, serviços e processos, indicadores de desempenho, padrões e regulamentações;
- Desenvolvimento de marketing;
- Etc.

É importante destacar que as normas ABNT NBR ISO 14.040:2009 (2009) e ABNT NBR ISO 14.044:2009 (2009) descrevem os requisitos que devem ser documentados neste relatório final, e que:

- As incertezas e a complexidade dos dados podem induzir a riscos nos estudos de ACV. Por isso, é recomendado fazer uma revisão crítica sobre o estudo realizado, e nada melhor do que submetê-lo à revisão de consultores ou especialistas;
- A norma ABNT NBR ISO 14040:2009 (2009) recomenda que esta revisão seja feita por consultores ou especialistas independentes, ou seja, que não tenham participado do estudo e que não tenham conflito de interesse;

- Porém, quando o estudo for de interesse público ou necessitar fazer afirmações comparativas externas, a revisão crítica precisa ser feita obrigatoriamente por uma parte independente.

5.3. Revisões e Análises Críticas do Estudo de ACV

A revisão crítica por uma parte independente é uma prática comum utilizada em procedimentos semelhantes, como em auditorias do sistema da qualidade, auditorias contábil e financeira, etc. Neste caso, serve para apoiar, endossar e dar ao estudo de ACV a credibilidade e transparência necessárias.

5.3.1 A necessidade de análise crítica

A ABNT NBR ISO 14.040:2009 (2009) faz referência também à necessidade de proceder "Análises Críticas" ao estudo de ACV. A finalidade deste tipo de procedimento é:

- Reduzir a probabilidade de falhas de entendimento, interpretações erradas, ou efeitos negativos sobre o estudo realizado em relação às partes externas interessadas, especialmente quando os resultados do estudo forem utilizados em afirmações comparativas.

Embora seja importante fazer análises internas, em primeira instância, em complementação à revisão crítica, a ABNT NBR ISO 14.040:2009 (2009) chama a atenção para a necessidade de se fazer análises externas. A exemplo das revisões críticas, a análise crítica externa deve também ser feita por um especialista externo ou por uma comissão que pode contar com a participação de representantes das partes interessadas.

De qualquer modo, deverão fazer parte no relatório final de estudo de ACV:

- Uma declaração sobre a análise crítica realizada e o relatório da comissão de análise crítica;
- Os comentários do especialista;
- Todas as considerações ou respostas às recomendações feitas pelo especialista ou pela comissão.

5.3.2 Elementos a serem examinados na Interpretação dos Resultados

Os principais elementos que precisam ser examinados com cuidado na Interpretação dos Resultados são: (LEVIS, BARLA, DANGAARD, 2014)

- Quais são as principais contribuições dos processos e materiais para os resultados?
- Análise de sensibilidade, incluindo:
    - Teste de sensibilidade dos resultados a alterações em fatores como peso do produto, alocação e metodologia de reciclagem, gestão do fim de vida;
    - Focar as incertezas (inventário incompleto, opções sobre os limites do sistema, inacurácia e imprecisão dos dados);
    - Apoio à decisão sobre questões ambientais, tais como: aspectos sociais, econômicos e ambientais.
- Objetivo, escopo e resultados juntos;
- Observações e conclusões;
- As melhorias decorrentes da avaliação.

Adicionalmente, é preciso ser avaliado na Interpretação dos Resultados (LEVIS, BARLA, DANGAARD (2014):

- Os efeitos das mudanças:
- Processo;

- Uso;
- Composição dos materiais;
- Peso;
- Localização geográfica;
- Distâncias e meios de transportes;
- Gestão do final de vida (disposição final, reuso, reciclagem, compostagem).

- O uso apropriado dos resultados, incluindo:
  - As orientações internas de tomada de decisão;
  - Se usado externamente:
    - Declarações quantitativas específicas suportadas por resultados;
    - Evitar grandes pretensões de superioridade ambiental ou termos vagos, tais como "amigo do ambiente" ou "verde";
    - Ao usar as normas ABNT NBR ISO 14040:2009 e ABNT NBR ISO 14044:2009 – As afirmações públicas comparativas requerem revisão crítica.

"Quando a política penetra no recinto dos tribunais, a justiça
se retira por alguma porta".

François Pierre Guillaume Guizot (1787-1874), historiador e estadista francês.

6. Ferramentas usadas nos estudos de Avaliação do Ciclo de Vida

O objetivo neste capítulo é apresentar as principais ferramentas usadas para fazer estudos sobre Avaliação do Ciclo de Vida de produtos, serviços e processos.

Na literatura sobre Avaliação do Ciclo de Vida, é comum encontramos diferentes designações para as ferramentas que dão apoio à realização de estudos sobre o tema. Assim, vamos encontrar uma boa diversidade de ferramentas (do inglês "tools") voltadas para soluções de problemas, desde os mais simples aos mais complexos. Por exemplo, a palavra "modelo" é muitas vezes usada para designar modelos propriamente ditos, como também "frameworks" e "softwares" voltados para a ACV. É também comum se usar a palavra "sistema" para designar um software.

As designações fazem sentido ao se considerar a natureza do estudo para o qual são usadas estas ferramentas.

As ferramentas são usadas com diversas finalidades, por exemplo: a) para fazer a modelagem dos elementos do ciclo de vida do produto, então faz sentido chamá-las de "modelos" – um modelo é um padrão de referência que serve para representar de forma mais simples a realidade, que é complexa; b) para fazer processamento e cálculos diversos, como o balanço de massa e energia de diferentes produtos, então também faz sentido atribuir a elas um nome de "software"

– um software é um conjunto de rotinas, módulos ou programas computacionais; c) servir de guia de modo a facilitar a organização dos elementos sob diferentes cenários, também procede batizá-las de “frameworks” – um framework é uma estrutura que visa estabelecer uma determinada organização.

Quando usado no desenvolvimento de software, o termo “framework” passa a ter um sentido mais restrito e direcionado, significando tratar-se de bibliotecas de módulos, subrotinas ou classes de objetos.

Porém, no contexto da modelagem ambiental, “framework” tem um significado mais abrangente, passando a se referir a qualquer produto de software que facilita o desenvolvimento de modelos ambientais. Esta definição abrange sistemas que suportam o desenvolvimento de modelos em uma variedade de maneiras, tais como, modelo visual de projeto, modelos algébricos, linguagem de modelagem personalizada, de integração de módulos, de segmentação dinâmica de dados, de mediação semântica, de modelo conceitual, etc. (RAHMAN, CUDDY e WATSON, 2004).

A Figura 6.1 serve para ilustrar estas designações.

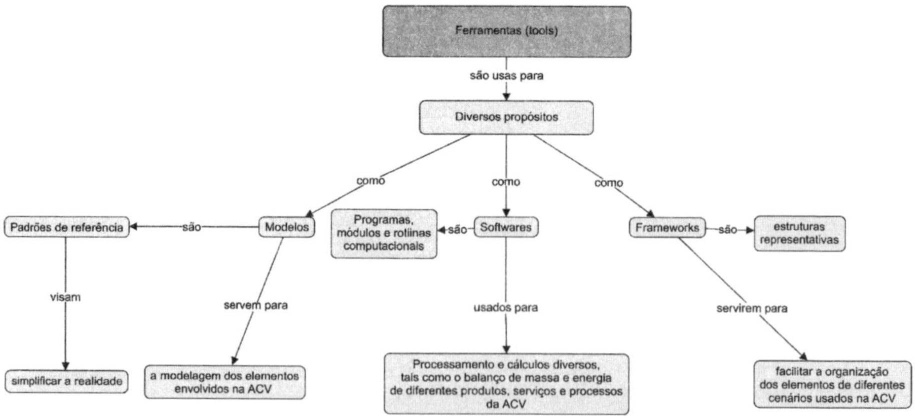

Fonte: Elaboração própria.

Figura 6.1. Designação das ferramentas de ACV

Comumente são atribuídos a essas ferramentas outras designações além de "software", como por exemplo modelo e framework, sendo mais comuns o uso destas duas últimas designações, no caso das ferramentas de ACV.

Frameworks são organizações estruturantes usadas para representar descritiva ou graficamente ideias, conceitos ou fundamentos, projetos, produtos, serviços ou processos. Mapas conceituais, fluxogramas, quadros, tabelas e outros tipos de diagramas são comumente usados para a elaboração de frameworks. As normas ISO 14000 e algumas situações, por exemplo, são referenciadas como framework. A Figura 6.2 é um exemplo de framework de Avaliação do Ciclo de Vida. Observe que o diagrama mostra as fases da ACV usando um diagrama para apresentar os principais processos de um estudo de avaliação do ciclo de vida.

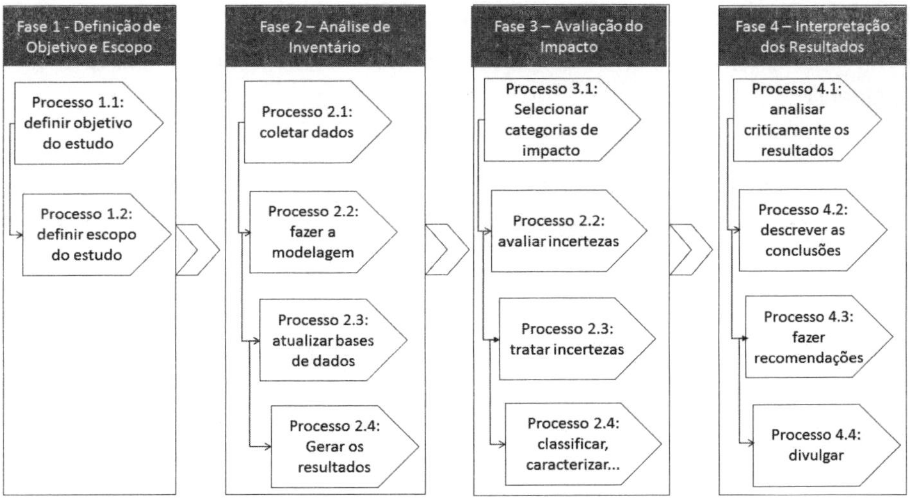

Fonte: Elaboração própria.

Figura 6.2. Framework de ACV

Neste ponto, nosso foco é apresentar as ferramentas mais usadas em estudos de ACV visando dar uma ideia geral sobre os principais recursos e facilidades oferecidos por estas ferramentas de modo a contribuir para uma possível decisão sobre o seu uso. Por isso, inicialmente, trataremos estas ferramentas como recursos disponíveis na Tecnologia de Informação e Comunicação (TIC), para logo em seguida apresentar esses recursos, descrevendo brevemente o seu objetivo e funcionalidade.

Didaticamente, é possível separar os recursos da Tecnologia de Informação e Comunicação em várias áreas. Assim, temos, por exemplo, as ferramentas de processamento e cálculo (softwares), de gerenciamento de base de dados, de gerenciamento de redes, etc.

No caso específico das ferramentas de ACV, o mais comum é separá-las nas duas primeiras áreas: softwares e bases de dados. É possível encontrar softwares com os quais pode-se trabalhar sem a necessidade de base de dados. Neste caso, os próprios softwares criam arquivos, às vezes chamados de datasets, para trabalhar, e que podem ser temporários ou não (preservados para processamento posterior).

No caso específico das ferramentas computacionais voltadas para o estudo de ACV, é praticamente impossível o uso de um software sem uma base de dados apropriada.

Em ambos os casos, existe uma boa variedade de ferramentas de ACV. Vamos descrever as mais usadas e conhecidas. Comecemos com o caso das bases de dados.

6.1. Bases de Dados de ACV

Em geral, os softwares de ACV usam uma base de dados específica do próprio software ou do mesmo fornecedor (principal ou central) e, em alguns casos, não suportam o uso de uma base de dados que não seja própria. Esta é uma séria limitação que precisa ser avaliada antes de selecionar um software para uso. Outros softwares mais sofisticados oferecem suporte para uso de outras bases de dados não proprietárias, por meio de um processo de leitura ou importação dessas bases e respectiva conversão de formato para o padrão interno da sua base de dados. Porém, nem sempre as conversões de formato funcionam perfeitamente. Outras vezes o processo de conversão costuma levar muito tempo.

Por isso, a avaliação da eficiência (rapidez de processamento) e da eficácia (capacidade de conversão de formato da base corretamente e sem corromper os dados) do recurso de suporte à portabilidade da base de dados é muito importante, uma vez que é muito comum recorrer à aquisição ou autorização de uso de bases de dados externas.

Esse é o caso dos estudos de ACV sobre o ambiente brasileiro que ainda não possui uma base de dados que contenha todas as categorias de impactos coletadas e armazenadas, e que, por isso, muitas vezes precisa recorrer ao uso de bases de dados externas.

Como visto no capítulo 3, no Brasil, dada a sua biodiversidade local e regional, este fato é um empecilho para o uso de bases de dados estrangeiras não compativeis com a realidade nacional devido, principalmente, à grande diferença do clima e das características ambientais dos países estrangeiros. Somam-se a isso, além de outros, os fatores de acesso e uso, pois o custo de assinatura dessas bases não é nada barato, o que muitas vezes inviabiliza seu uso.

No entanto, o governo e algumas instituições brasileiras vêm conjugando esforços para a criação de uma primeira base de dados própria, iniciada em 2006, para o desenvolvimento de um "Inventário de Ciclo Vida para a Competitividade Ambiental da Indústria Brasileira" (IBICT, 2016).

Como visto anteriormente, o Brasil não é o único a empreender esforços para a criação de base de dados de Inventário de Ciclo de Vida (ICV), ou Life Cycle Inventory (LCI). Ao longo dos anos, tem-se evidenciado em diversos países uma tendência de criarem bases de dados nacionais de ICV (Inventário de Ciclo de Vida).

Muitos países se encontram na fase de desenvolvimento ou de ampliação, diversificação ou atualização de suas bases de dados de ICV. Um procedimento comum que vem sendo adotado é a criação de bases de dados especificas, visando dar suporte a certos tipos de categorias de impacto. Notam-se também ações desses governos de formarem organizações para facilitar e promover o intercâmbio de países visando a interoperabilidade e uso de suas bases de dados.

Os gestores das cadeias de abastecimento, cada vez mais interligadas internacionalmente, precisam levar em consideração a necessidade de desenvolvimento de suas ferramentas de apoio à ACV para além da fronteira dos seus países, devendo ser negociados acordos multilaterais para o estabelecimento de uma lista de requisitos mínimos de interoperabilidade. Nessa lista deverão estar definidos padrões comuns de base de dados, incluindo o fluxo elementar, formatos centrais de dados, métodos e metodologias de inventários de ciclo de vida, elaboração, revisão e documentação de requisitos. (WOLF, 2014)

A argumentação chave que se faz para o sucesso amplo e duradouro deste empreendimento é que tais iniciativas deverão ser coordenadas pelos desenvolvedores de grandes bancos de dados públicos e privados de todo o mundo. (WOLF, 2014)

Outras iniciativas visando a geração e respectiva manutenção de base de dados começam a prosperar e estão sendo consolidadas. Vários governos e organizações começaram a trabalhar para isso há muitos anos. Alguns criam bases de abrangência nacional, regionais e locais. É o caso do Projeto de Criação da Base de Dados dos Estados Unidos da América do Norte sob a responsabilidade do Laboratório Nacional de Energia Renovável (NREL - National Renewable Energy

Laboratory), que começou a funcionar em 1900, e do Projeto BEES Please do Canadá, que buscam encorajar fornecedores e fabricantes a fornecerem mais dados sobre seus ramos de negócios para a inclusão em seus bancos de dados.

Em alguns casos, na ausência de dados disponíveis para a realização de estudos sobre ACV, bases de dados podem ser adaptadas para usos específico. Um exemplo disso pode ser encontrado num artigo que avalia o impacto ambiental sobre o reforço de soldas em aço na França, cujo estudo, para ser realizado, teve que recorrer à adaptação dos dados do inventário ambiental de uma base de dados do Ecoinvest (GOMES et. al., 2013).

As bases de dados de ACV são geradas ou atualizadas durante a realização dos estudos exploratórios sobre a ACV, sendo, principalmente, na fase de Inventário de ciclo de vida (ICV) em que os dados são recolhidos, os sistemas são modelados, e os resultados da ACV são obtidos e armazenados em suas respectivas bases, conforme brevemente descrito no Capítulo 3.

Os melhores softwares de ACV dão suporte ao uso de outras bases de dados, embora estas bases necessitem passar antes pelo processo de conversão de formato, conforme descrito antes. Comumente, as bases de dados do inventário são constituídas por um conjunto de arquivos (datasets). Às vezes também são tratadas como bases de dados complementares a uma base principal ou central, e que congregam os vários tipos de entradas dos sistemas de ACV e outros elementos. Os elementos do Inventário do Ciclo de Vida que alimentam as bases de dados são resultantes de levantamentos feitos sobre os diversos tipos de entradas do sistema ao longo dos vários estudos de ACV.

Para fins didáticos, separamos as bases de dados de ACV em uma base principal ou central, seus datasets (ou base de dados menores), e outras bases externas e complementares.

A Figura 6.3 representa uma base de dados genérica, cuja finalidade é mostrar uma estrutura básica com os seus principais componentes.

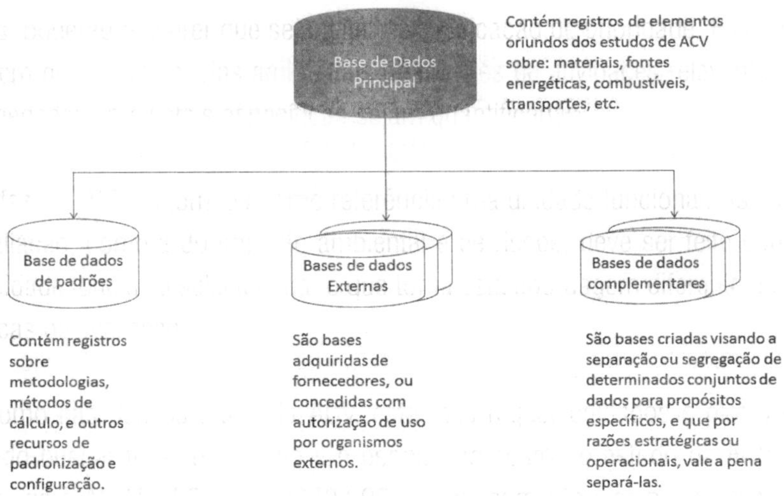

Fonte: Elaboração própria.

Figura 6.3. Tipos de bases de dados de ACV

Os principais elementos das bases de dados de ACV são:

- Materiais provenientes de fontes renováveis e não renováveis: papéis, papelão, vidros, cerâmicas, metais, etc.;
- Elementos oriundos das várias fontes de energia, como elétrica, eólica, biomassa, térmica, etc.;
- Combustíveis, como gasolina, etanol, diesel, etc.;
- Atividades resultantes dos vários tipos de modais de transporte, como rodoviário, ferroviário, fluvial, aéreo, etc.;
- Metodologias e métodos de avaliação de impacto ambiental e respectivos métodos de cálculo (para o processamento dos dados obtidos pelas instituições), recursos de padronização e configuração visando dar apoio ao processamento, análise, formatação e atualização (acertos, inclusões e exclusões) dos dados obtidos.

6.2. O Sistema de Gerenciamento da Base de Dados Ecoinvent

A Ecoinvent é uma das bases de dados internacionais mais completas e usadas. Daí o motivo de escolhermos esta base como exemplo para descrever os principais componentes de uma base de dados específica (ECOINVENT).

A Figura 6.4 ilustra, por meio de um diagrama, o ambiente da base de dados Ecoinvent. A Figura e o texto a seguir foram elaborados com base em Frischknecht e Rebitzer (2005) e outras fontes citadas a seguir. Tanto o texto como a figura foram adaptados de modo a facilitar o seu entendimento.

6.2.1 Principais componentes da Ecoinvent

O sistema de gerenciamento da base de dados Ecoinvent consiste dos seguintes componentes de software (programas computacionais) e hardware (equipamentos):

1. Base de dados central
2. Rotinas de cálculo
3. Ferramentas de edição
4. Ferramentas de administração
5. Ferramentas de acesso e busca de dados
6. Rotinas de conversão de formato de dados
7. Bases de dados locais

6.2.2 Descrição dos componentes da Ecoinvent

Visando facilitar o seu entendimento, a descrição da base de dados Ecoinvent será feita levando em consideração os números associados aos seus componentes na Figura 6.2.

1. A Ecoinvent é armazenada num computador do tipo servidor de gerenciamento de base de dados, e pode ser acessada via conexão com a Internet.

Esta base contém registros de dados sobre inventários do ciclo de vida, tais como: sistemas ou fontes de energia, sistemas de transporte, sistemas de tratamento de resíduos (lixo urbano de vários setores: comercial, industrial, hospitalar, etc.), materiais diversos (da indústria química, construção civil, etc.). Contém também registros de dados sobre métodos de avaliação de impactos da ACV (escassez ecológica da Suíça, ecoindicado 99, esquema de caracterização CML 2002, etc.).

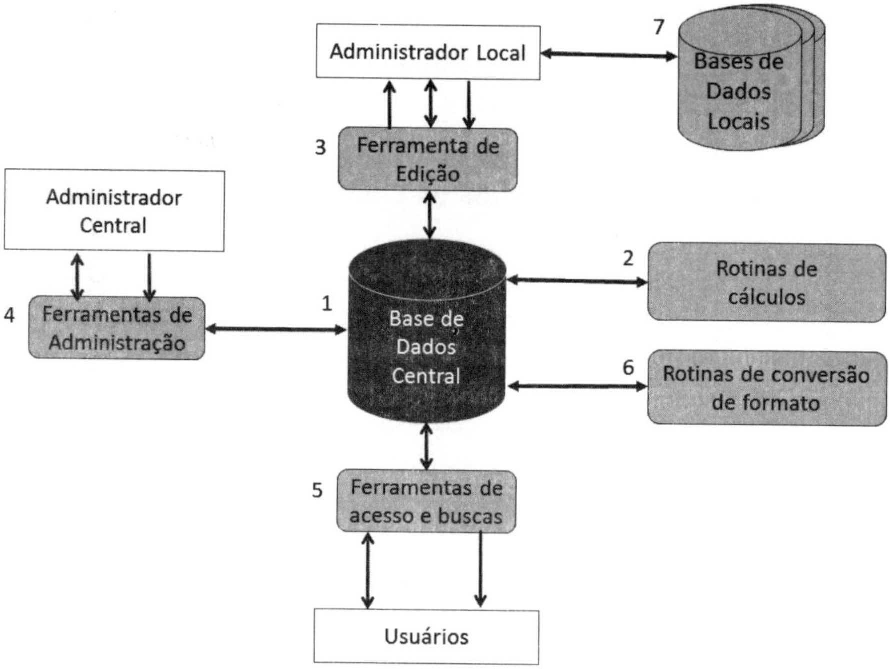

Fonte: Frischknecht e Rebitzer (2005) – Adaptado.

Figura 6.4. Estrutura básica do sistema de base de dados da Ecoinvent.

Os dados dessa base são fornecidos por instituições parceiras da Ecoinvent. A base pode, e costuma conter também dados sobre trocas "de e para" a tecnosfera, bem como fluxos elementares.

2. Para o processamento dos resultados cumulativos de inventário, o sistema de gerenciamento da base de dados usa potentes rotinas de cálculo relacionadas com a base de dados central.

3. A ferramenta de edição funciona como uma interface entre o administrador das bases de dados locais (7) com a base de dados central (1). Sua função é a geração de arquivos (datasets) no formato de dados da Ecoinvent (chamados de EcoSpold). O EcoSpold é um padrão de conversão próprio da Ecoinvent. Trata-se de uma versão ligeiramente modificada do Padrão SPOLD 99 (SPOLD, 1999), que foi desenvolvida pelo Ecoinvent e batizada como EcoSpold (v1), lançada como "fonte aberta" (open source), e usada pelo banco de dados Ecoinvent versão 1 e 2, e implementado em todo o software líder na ACV. O SPOLD 99 surgiu de uma associação de indústrias (entre elas Ciba, Danfoss, Dow Corning, Electricité de France, Procter & Gamble e Unilever) interessadas em acelerar o desenvolvimento da avaliação do ciclo de vida como uma ferramenta de gestão aceita para a necessária reestruturação das políticas da empresa para o desenvolvimento sustentável.

4. As ferramentas de administração do sistema de gerenciamento da base de dados dão suporte à integração de datasets fornecidos pelas instituições parceiras e colaboradoras dentro da base de dados central. Essas ferramentas dão suporte às seguintes funções: verificação da integridade dos datasets; execução dos cálculos; geração de resultados de inventários; realização de operações de classificação; normalização e ponderação de categorias de impacto; e administração de usuários da Ecoinvent.

5. As ferramentas de acesso e busca servem de interface dos usuários com a base de dados, e são usadas para acessar informações e fazer downloads de datasets da base de dados central (acessar e baixar dados da base central).

6. As rotinas de conversão de formato de dados servem para fazer o mapeamento dos registros de dados da base central, com a respectiva descrição de

todos os campos destes registros, incluindo o formato internacional de conversão Spold e o padrão internacional de conversão especificado pela norma ISO/TS 14048:2002 (2002).

7. Bases de dados locais - os softwares disponíveis comercialmente usam estas bases de dados locais, como o SmaPro, Regis, PEMS, Umberto, Emis e TEAM. Para a utilização das bases de dados criadas nesses softwares, a Ecoinvent recomenda seu padrão de conversão EcoSpold.

Uma versão mais detalhada sobre a estrutura do sistema de gerenciamento da base de dados Ecoinvent pode ser encontrada no portal[1] ou em um dos documentos do seu fornecedor, intitulado Overview and Methodology – Data quality guideline for the Ecoinvent data base version 3 (WEIDEMA et al., 2013).

6.3. Principais Bases de Dados de ACV

O maior problema com dados nos estudos de ACV não é encontrar uma base de dados, uma vez que existe uma boa variedade delas, mas sim encontrar uma que atenda à nossa necessidade. Os problemas vão desde a portabilidade e conversibilidade de formato das bases de dados, de modo que estas bases possam ser usadas em softwares de ACV específicos, como visto antes, passando pela falta de critérios e princípios que devem ser seguidos visando a criação de bases de dados confiáveis e intercambiáveis.

Isso preocupa toda a comunidade que lida com a avaliação do ciclo de vida, a ponto de algumas organizações começarem a se reunir em eventos e locais específicos para estudar e buscar solução para os problemas.

Esse é o caso das Nações Unidas para o Meio Ambiente (UNEP) que, por meio da Sociedade de Toxicologia e Química Ambiental (SETAC) e do Programa Life Cycle Initiative, promoveu um encontro no período de 30 de janeiro a 4 de fevereiro

[1] The Ecoinvent database V.3.2. Link: http://www.ecoinvent.org/home.html.

de 2011, em Shonan, Japão. Os resultados das discussões promovidas foram consolidados num documento intitulado UNEP/SETAC "Global Guidance for LCA Databases – A Basis for Greener Processes and Products", também conhecido como "'Shonan Guidance Principles' workshop" (UNEP/SETAC, 2011).

A SETAC (Society of Environmental Toxicology and Chemistry) é uma organização profissional sob a forma de uma associação sem fins lucrativos, criada para promover o uso de uma abordagem multidisciplinar para resolver os problemas do impacto de produtos químicos e de tecnologia sobre o meio ambiente. Os problemas ambientais muitas vezes exigem uma combinação de conhecimentos de química, toxicologia, e uma variedade de outras disciplinas para desenvolver soluções eficazes. A SETAC proporciona um campo neutro de encontro para os cientistas que trabalham em universidades, governos e indústria, que se encontram, como pessoas físicas, não sendo obrigadas a defender posições, mas simplesmente usar a melhor ciência disponível. Entre outras coisas, a SETAC assumiu um papel de liderança no desenvolvimento da Gestão do Ciclo de Vida (Life Cycle Management - LCM) e Avaliação do Ciclo de Vida (ACV), como desenvolver datasets e gerenciar bancos de dados (SETAC, 2012), criando um guia específico para isto.

Esse guia fornece orientação sobre os princípios da Avaliação do Ciclo de Vida (LCA) visando a criação de bases de dados, incluindo como recolher dados brutos. A publicação também aborda questões relativas à documentação dos dados e avaliação, à coordenação entre os bancos de dados, à capacitação e a cenários futuros.

Essa publicação serve de interface que orienta a realização de atividades entre os usuários e fornecedores de bases de dados, fornecendo informações básicas facilmente acessíveis para o cálculo de pegadas ambientais de materiais e produtos que são chave para as exigências da chamada "economia verde" e para permitir instituições e consumidores individuais a fazerem escolhas certas de consumo.

As pegadas ambientais, ecológicas, ou ainda pegadas de carbono medem quanto dióxido de carbono (CO_2) nós, serem humanos, produzimos para manter nossas vidas diariamente.

Visando apresentar uma relação das bases de dados mais conhecidas, pesquisamos várias fontes, sendo as principais delas:

- A EPA LCAcces – Global Directory of LCI Research: Methods, Models, Tools, and Databases (EPA, 2016). Esta é uma das mais completas fontes disponíveis para acesso aberto (sem a necessidade de cadastrar uma conta com login e senha) pela Internet com uma variedade de informação sobre ACV. Nela poderão ser encontradas as mais diversas ferramentas usadas nos estudos sobre ACV (métodos, modelos e base de dados) sobre os seguintes temas de pesquisa: ar, mudanças climáticas, ecossistemas, saúde, segurança interna, avaliação de risco à saúde humana, gestão de aterro de resíduos, segurança química e água.

- NREL. O Laboratório Nacional de Energia Renovável (US LIFE CYCLE INVENTORY DATABASE, 2012) e seus parceiros criaram uma base de dados de inventário do Estados Unidos da América do Norte com datasets sobre energia e materiais e seus impactos. Esta base contém dados e informações de materiais e componentes que cobrem toda a cadeia produtiva do setor energético, com datasets separados pelos critérios de segmentação (de porta a porta, do berço ao portão e do berço ao túmulo).

- Life Cycle Assessment in Japan: an inventory. Contém links para o acesso online de recursos de ACV em japonês e alguns deles em inglês (LCAJ, 2016).

- Building Ecology – Contém uma variedade de links de acesso a portais de organizações e fornecedores de ferramentas de ACV (base dados, software, métodos, etc.) que podem ser livremente consultadas pela Internet (BUILDING ECOLOGY, 2016).

O Quadro 6.1 apresenta, em ordem alfabética por nome do projeto, uma relação de base de dados de inventário de ciclo de vida (ICV), com base em informações contidas em Curran (2006) e nos portais U.S Life Cycle inventory Database (2012), Building Ecology (2016) e EPA (2016).

Quadro 6.1. Bases de dados de ICV

Nomes	*Endereço da base na Internet*	*Disponíveis nos softwares*
Australian LCI Data Project	http://www.cfd.rmit.edu.au/progra[illegible] cycle_assessment/life_cycle_invento[illegible]	SimaPro
BUWAL 250	http://www.bafu.admin.ch/index.html?lang=en	SimaPro
Canadian Raw Materials Database	https://uwaterloo.ca/canadian-raw-materials-database/	Sem informação
ECOINVENT	http://www.ecoinvent.org/database/database.html	SimaPro, GaBi e Umberto
EDIP	http://lca-center.dk/	Gabi
Franklin US LCI	https://www.pre-nl/	SimaPro
Gabi	http://www.gabi-software.com/brazil/index/	GaBi e Umberto
German Network on LCI Data	http://www.lci-network.de	Gabi
IVAM LCA Data	http://www.ivam.uva.nl/	SimaPro
Japan National LCA Project	http://www.jemai.or.jp/english/index.html#1 http://www.jemai.or.jp/english/#2	SimaPro, GaBi e Umberto
LCA Food	http://www.lcafood.dk/	SimaPro
SimaPro	https://www.pre-sustainability.com/simapro/inventory_databases.htm/ https://simapro.com/	SimaPro
SPINE@CPM	http://globalspine.com/	Web: http://globalspine.com/
U.S. Life Cycle Inventory Database	http://www.nrel.gov/lci/	Gabi

Fontes: Curran (2006), U.S Life Cycle inventory Database (2012), Building Ecology (2016) e EPA (2016)

6.4. Sistema de processamento

Todo o processo de avaliação do ciclo de vida é feito usando um sistema computadorizado, ou um computador local ou pessoal, também conhecido como stand alone. Um sistema computadorizado consiste de uma infraestrutura básica, geralmente composta por **equipamentos** (computador central/servidor, computadores auxiliares (clientes) e periféricos – unidades de armazenamento de dados e informações, impressoras e outros) e **softwares** (programas, módulos e rotinas de processamento – de leitura, gravação, impressão, formatação, edição e outros).

A Figura 6.5 visa ilustrar, de forma simplificada, um sistema de processamento.

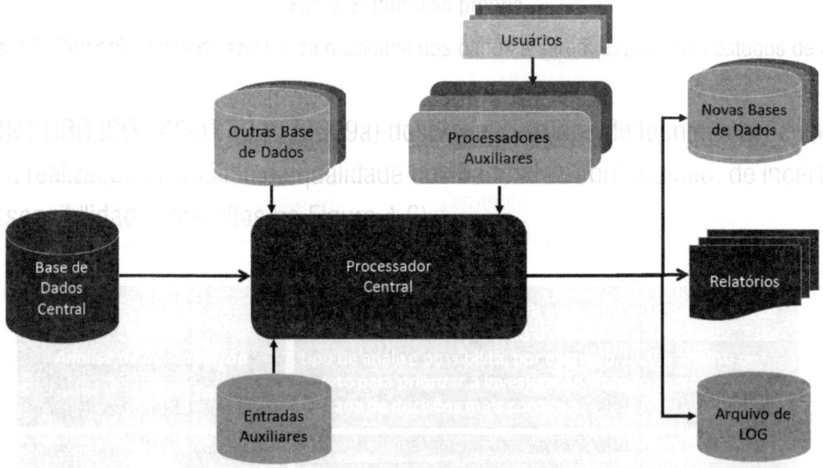

Fonte: Elaboração própria.

Figura 6.5. Sistema de processamento simplificado

Além dos componentes físicos (equipamentos) e lógicos (softwares) já descritos, para que se tenha um melhor entendimento sobre o processamento feito nas avaliações do ciclo de vida, é importante notar que é impossível fazer um estudo sobre avaliação do ciclo de vida sem um sistema computadorizado, que pode ser desde um computador pessoal ou local até um sistema central de grande porte.

Dependendo do tamanho das bases de dados e da complexidade, o processamento de um estudo de ACV pode envolver um ou mais computadores e softwares, sob controle de um operador e o acompanhamento de um ou mais usuários. Porém, muitas das vezes é possível usar apenas um computador com a configuração adequada, em termos de capacidade de processamento e tamanho de memórias (principal e secundária).

O processamento costuma ocorrer da seguinte maneira:

- Preparação para o processamento (caso não tenha sido feito antes)
    - Instalação e configuração do software
    - Instalação e configuração das bases de dados necessárias
    - Importação ou carga nas bases de dados e datasets (também conhecida como "popular a base de dados")
    - Conversão de formato das bases de dados e datasets (se necessário)

- Execução
    - Criação do ambiente ou cenários de execução
    - Operação de leitura das diversas entradas contidas nas bases de dados, datasets e outros tipos de arquivos
    - Execução dos cálculos necessários
    - Geração das saídas, que podem ser de várias formas ou formato:
        - Relatórios de avaliação dos impactos, de conclusão das operações, de erros de processamento, etc.
        - Operação de gravação de novas bases de dados, ou de atualização das existentes
        - Gravação de registros de ocorrências no processamento em arquivos comumente chamados de LOGs ou Traces.

- Análise crítica dos resultados e, em caso de necessidade:
    - Operação de correções ou ajustes

    - Reprocessamento

- Finalização;
    - Divulgação dos resultados.

6.5. Softwares de ACV

As fábricas de softwares enfrentam um desafio há décadas: produzir softwares livres de erros, comumente conhecidos como "bugs". Os sofisticados modelos de desenvolvimento (exemplo: MPS.Br e CMMI) e os sucessivos processos de testes e simulação reduzem os erros, mas não os eliminam por completo. Daí o fato de os artefatos de tecnologia de informação (TI) (exemplo: softwares, sistemas gerenciadores de base de dados, módulos e rotinas computacionais) ainda chegarem às mãos do usuário final com bugs. Na realidade, são os próprios usuários que acabam fazendo os testes finais destes produtos. Por isso, é comum sua distribuição em versões ainda em fase de testes, a chamada versão "beta".

Esse fato acaba por gerar diferentes versões, requerendo frequentes atualizações. As atualizações decorrem também da obsolescência das versões, por mudanças de tecnologia, normas, regulamentos, leis, etc.

Com a rapidez da evolução da tecnologia pela qual passamos atualmente e que tende a acelerar cada vez mais devido à inovação, não seria ilógico afirmar que o atual estágio dos artefatos de TI se encontra estacionado em sua primeira infância.

Por isso, para manter-se atualizado, é necessário chamar a atenção para o fato de que as listas e referências feitas sobre as ferramentas de ACV neste capítulo poderão requerer consultas complementares aos portais web dos seus fornecedores.

6.6. Ferramentas de ACV disponíveis no mercado

O Quadro 6.2 apresenta, em ordem alfabética, uma relação das principais ferramentas de avaliação do ciclo de vido, incluindo softwares, bases de dados de inventário de ciclo de vida (ICV), métodos e outras ferramentas. O quadro foi elaborado com base em uma extensiva pesquisa feita em diversas fontes, sendo, nesta ordem, as principais delas: Building Ecology (2016), Portais WEB das próprias ferramentas, U.S Life Cycle Inventory Database (2012).

Quadro 6.2. Ferramentas de Avaliação do Ciclo de Vida

Nome	Tipo de ferramenta	Fonte ou Endereço do site na Internet
APME	A APME (Association of Plastics Manufacturers in Europe) publica dados anuais sobre o consumo e recuperação de plásticos utilizados sobre o setor de embalagem, edificação e construção, automotivo e eletroeletrônico	http://www.plastic-seurope.org/
ASMI	Athena Sustainable Materials Institute - Organização de pesquisa sem fins lucrativos cujo propósito é colaborar com a pesquisa sobre ACV no setor de construção. O Instituto Athena trabalha com líderes de sustentabilidade na fabricação do produto, na elaboração de projeto de construção e em programas de rotulagem verde, visando reduzir as pegadas decorrentes da produção e do consumo de materiais de construção.	http://www.athenas-mi.org/
BEES	Building for Environmental and Economic Sustainability - Software que oferece recursos para a seleção de materiais de construção ambientalmente rentáveis.	http://www.nist.gov/el/economics/BEES-Software.cfm/

Nome	Tipo de ferramenta	Fonte ou Endereço do site na Internet
BEES	Desenvolvido pelo Laboratório de Engenharia do NIST (National Institute of Standards and Technology), é uma ferramenta baseada em padrões de consenso e projetada para ser prática, flexível e transparente. O BEES é usado por projetistas, construtores e fabricantes de produtos, e inclui dados de desempenho ambientais e econômicos reais para 230 produtos de construção. O software mede o desempenho ambiental dos produtos de construção, utilizando a abordagem de avaliação do ciclo de vida especificada na série de normas ISO 14040.	http://www.nist.gov/el/economics/BEES-Software.cfm/
BLCC	Building Life-Cycle Cost - Programa de computador que fornece uma análise econômica dos investimentos de capital visando a redução dos custos operacionais a longo prazo de edifícios ou sistemas de construção. O BLCC foi desenvolvido de acordo com as normas da Sociedade Americana de Testes de Materiais (ASTM) relacionadas à economicida de construção e do Handbook 135, sobre custeio do ciclo de vida do Programa Federal de Gestão de Energia do National Institute of Standardization (NIST).	http://energy.gov/eere/office-energy-efficiency-renewable-energy
BOUSTEAD 5.0	O Modelo Boustead 5.0 (The Boustead Model 5.0) é uma extensa base de dados que compreende o uso de energia, requisitos de matérias-primas, combustíveis sólidos, líquidos e emissões gasosas. O modelo também inclui software que permite que o usuário manipule o banco de dados e selecione um método de apresentação de dados adequado a partir de uma série de opções voltadas para ACV.	http://www.boustead-consulting.co.uk/products.htm

Nome	Tipo de ferramenta	Fonte ou Endereço do site na Internet
CML	Institute of Environmental Sciences – Um Instituto de Ciências Ambientais da Universidade de Leiden da Holanda (Leiden University) que disponibiliza, além do Software CML, uma série de ferramentas de ACV: a) CML-IA (base de dados que contém fatores de caracterização); b) DISTRIBUITION (série de distribuição estatística sobre ACV e técnicas de conversão de diferentes distribuições); c) E3IOT (base de dados de alta resolução que contém tabelas de entrada e saída sobre produtos, consumo e gestão do setor de resíduos da Europa); d) EXIOBASE (Base de dados sobre uma ampla cadeia ambiental global, contendo detalhes ambientais multirregionais; e) GLOBOX (modelo multimídia usado para o cálculo dos fatores de caracterização em uma escala global); f) PNEC-pro (ferramenta de triagem de fácil utilização para os profissionais que lidam com a avaliação da qualidade das águas superficiais. É gratuita e está disponível online, bastando se cadastrar para ter acesso. Destinada a cálculos de concentrações específicas sobre impactos decorrentes do cobre, níquel e zinco); g) QUANTITATIVE UNCERTAINLY IN LCI (dispersões globais da ACV decorrentes de incertezas).	http://www.universiteitleiden.nl/en/science/environmental-sciences/tools--and-data#EXIOBASE
CMLCA	Chain Management by Life Cycle Assessment (CMLCA) é uma ferramenta de software que suporta as etapas técnicas da Avaliação do Ciclo de Vida. O foco do programa é sobre os aspectos computacionais avançados de cálculos de inventário de ciclo de vida. Foi desenvolvido pelo Institute of Environmental Sciences (CMLCA) - Instituto de Ciências Ambientais da Faculdade de Ciências da Universidade de Leiden, Holanda. Conta com uma série de recursos, incluindo a base de dados CML--IA Characterisation Factors e que contém fatores de caracterização para avaliação de impacto do ciclo de vida (LCIA).	http://www.cmlca.eu/ http://www.universiteitleiden.nl/en/research/research-output/science/cml-cmlca http://www.universiteitleiden.nl/en/research/research-output/science/cml-ia-characterisation-factors

Nome	Tipo de ferramenta	Fonte ou Endereço do site na Internet
CRMD	Canadian Raw Materials Database - Um projeto voluntário de materiais que envolve, transversalmente, o setor da indústria de materiais canadenses, com a finalidade de desenvolver uma base de dados com perfis de entrada e saída ambientais associada à produção de materiais de commodities canadenses.	https://uwaterloo.ca/canadian-raw-materials-database/
EASETECH	Software livre, que substituiu sua versão anterior, conhecida como EASEWASTE, EASETECH é um acrônimo de "**E**nvironmental **A**ssessment **S**ystem for **E**nvironmental **TECH**nologies". Seu principal objetivo é apoiar a avaliação do ciclo de vida de diferentes materiais de fluxos complexos e processos, por meio da modelagem e utilização de recursos próprios. Foi desenvolvido pelo Instituto de Meio Ambiente e Recursos da Universidade Técnica da Dinamarca – Danmarks Tekniske Universitet (DTU) / Institute of Environment & Resources. Basicamente, o EASETECH difere de outros softwares de ACV por focar a modelagem considerando que cada fluxo representa uma mistura de frações de materiais com diferentes propriedades, sendo que suas composições são processadas como a base para os cálculos de ACV. Duas outras diferenças podem ser citadas: o EASETECH foi desenvolvido para se trabalhar com cenários preparados fácil e intuitivamente. Assim, cada cenário pode ser configurado com fluxo de materiais heterogêneos e processados usando métodos de cálculo distintos visando a obtenção de resultados para os diferentes tipos de emissão; as ferramentas de cálculo e análise de incertezas possibilitam a ampla parametrização de modo a permitir a geração e propagação de propriedades usando o método de Monte Carlo, um dos mais apropriados e conhecidos.	http://www.easetech.dk/Model-Description

Nome	Tipo de ferramenta	Fonte ou Endereço do site na Internet
Eco-Indicator 99	Eco-Indicator 99 é um método de avaliação de impacto "orientado a danos" com passos claramente detalhados como o destino, exposição, efeito e análise de danos. Um relatório contendo uma descrição completa da metodologia, bem como uma visão geral de todos os fatores de dano (caracterização) pode ser baixado a partir do link web site.	https://www.pre-sustainability.com/eco-indicator99/default.htm
ECOINVENT VERSION 3	É um dos principais bancos de dados de ICV do mundo e que proporciona transparência e coerência. O banco de dados Ecoinvent contém dados do processo bem documentados para milhares de produtos, possibilitando fazer escolhas com base em informações confiáveis sobre o seu impacto ambiental. O banco é mantido por uma associação sem fins lucrativos também chamada Ecoinvent.	http://www.ecoinvent.org/database/database.html
ECO-it 1.3	É um sistema criado em 2006 para apoiar organizações ambientais com interpretação, banco de dados e de redes. Usando tecnologias Open Source, fornece as soluções multiplataformas mais eficientes para garantir o alcance de tantos clientes e parceiros quanto possível. É especializado em sistemas de monitoramento, interpretação interativa e educação ambiental, incentivando a mais ampla gama de participação possível. Contém mais de 200 pontuações do eco-indicador 99 de materiais comumente utilizados, tais como metais, plásticos, papel, cartão e vidro, bem como a produção, o transporte, processos de energia e tratamento de resíduos. Ele calcula a carga ambiental e mostra quais partes do produto mais contribuem.	http://www.eco-it.org.uk/#

Nome	Tipo de ferramenta	Fonte ou Endereço do site na Internet
Ecoscan 3.0	Software de análise do impacto ambiental e custo de produtos. É voltado para gerentes e engenheiros envolvidos com projetos e desenvolvimento de produtos ambientais.	https://www.tno.nl/en/
EIO-LCA	Economic Input-Output Life Cycle Assessment (EIO-LCA) - Método que visa estimar as emissões ambientais decorrentes do uso de materiais e recursos energéticos das atividades econômicas. O método foi teorizado e desenvolvido pelo economista Wassily Leontief na década de 1970 com base no seu trabalho sobre emissões de "entrada e saída" no sistema produtivo, desenvolvido no início da década 30 do século passado pelo qual recebeu o Prêmio Nobel de Economia. O EIO-LCA está disponível em um Web Site de acesso livre e que permite estimar o impacto ambiental na produção de um determinado valor em dólares de qualquer um dos 500 produtos ou serviços nos Estados Unidos. Fornece estimativas sobre os impactos relativos dos diferentes tipos de produtos, materiais, serviços ou indústrias em relação ao uso de recursos e as emissões em todo os EUA.	http://www.eiolca.net/
EPIC/ CSR Model	Software livre. Surgiu de um trabalho de cooperação entre organizações: Agência de Avaliação Ambiental do Canadá – Canadian Environmental Assessment Agency, Environmental Plastics Industry (EPIC) e Corporations Supporting Recycling (CSR).	Winkler & Bilitewski (2007).

Nome	Tipo de ferramenta	Fonte ou Endereço do site na Internet
EPIC/ CSR Model	Este modelo em EXCEL é voltado para: definição de metas de desempenho ambiental para um município; auxiliar a municipalidade no levantamento de dados e emissão de relatórios sobre o meio ambiente; fazer propostas de estimativas sobre o impacto ambiental e seus efeitos; realizar análise de custo/benefício sobre propostas de investimentos relacionados com o meio ambiente.	Winkler & Bilitewski (2007).
eToolL-CD	Software livre, de uso intuitivo, disponível online e acessado via um site WEB. É destinado à avaliação de todo o ciclo de vida da construção e focado na obtenção do desempenho de resultados sustentáveis. O eToolLCD gera relatórios completos voltados para comparações de dados sobre a construção sustentável, com as saídas compatíveis com as normas internacionais ISO 14044 e EN 15978. É usado em uma variedade de projetos em todos os setores da indústria de construção. Sua plataforma baseada na web permite fazer alterações facilmente e sem interromper o uso do software pelos seus mais de 1.500 usuários no mundo todo.	http://etoolglobal.com/about-etoollcd/
GaBi	Software com base de dados própria e mais de 25 anos no mercado, voltado para os profissionais de ACV com mais de 10 mil usuários de vários setores. A Base de dados GaBi contém cerca de 72 mil datasets de diferentes materiais.	http://www.gabi-software.com/brazil/index/
GEMIS	Globales Emissions-Model Integrierter Systems (GEMIS) (Alemanha) – Um software e base de dados de análise de ciclo de vida para a energia, materiais e sistemas de transporte.	http://www.iinas.org/gemis-de.html

Nome	Tipo de ferramenta	Fonte ou Endereço do site na Internet
GEMIS	O banco de dados GEMIS oferece informações sobre combustíveis fósseis, energias renováveis, processos de eletricidade e calor, matérias-primas e transportes. A primeira versão da do GEMIS foi lançada em 1989 e desde então é atualizada frequentemente. É usado em mais de 30 países.	http://www.iinas.org/gemis-de.html
GREET MODEL	É um modelo com banco de dados de ACV pertencente ao Escritório de Tecnologias do Ciclo de Vida de Combustível chamado GREET (Greenhouse gases, Regulated Emissions, and Energy use in Transportation), e ligado ao Departamento de Energia dos Estados Unidos. O GREET permite que pesquisadores avaliem consistentemente vários tipos de motores e combustíveis com o ciclo de vida de combustíveis. Sua base oferece dados de testes disponíveis ao público sobre veículos de tecnologia avançada. Derivada de ensaios de laboratórios independentes, os dados se destinam a melhorar a compreensão sobre as avançadas tecnologias de veículos para pesquisadores, estudantes e profissionais preocupados com a eficiência de energia de veículos.	http://www.energy.ca.gov/ab1007/ca-greet_model/ http://www.anl.gov/energy-systems
IDEMAT	Um sistema para a seleção de materiais na fase de projeto. O IDEMAT fornece uma base de dados com informações técnicas sobre materiais, processos e componentes e permite que o usuário compare informações.	http://www.idemat.nl/
ISWM DTS	Modelo para avaliação econômica e ambiental de RSU. Desenvolvido pela Universidade da Carolina do Norte, Agência de Meio Ambiente norte americana e Research Triangle Institute. O modelo fornece recursos apenas na elaboração de inventário de ACV.	Araújo (2013), apud Kaplan (2001)

Nome	Tipo de ferramenta	Fonte ou Endereço do site na Internet
IVAM LCA Data 4.0	Banco de dados IVAM de pesquisas ambientais utilizado para a avaliação do ciclo de vida ambiental. A base consiste em cerca de 1.000 processos, referentes a mais de 300 materiais. Os dados podem ser usados para aplicações de ACV em diversos setores. É uma ferramenta da VAM UVA BV, uma agência de pesquisa e consultoria na área de sustentabilidade. O nome IVAM vem das iniciais de Interfacultaire Vakgroep Milieukunde (Departamento de Ciências Ambientais), da Universidade de Amsterdã e do 'Chemiewinkel Amsterdam. Desde 1993 o IVAM faz parte da Holding UvA BV (UvA Holding BV) como uma instituição independente. A missão dessa instituição é ajudar pessoas, empresas, governos e organizações da sociedade civil na realização de atividades de sustentabilidade.	http://www.ivam.uva.nl/en/
IWM2	Modelo para avaliação ambiental e econômica da gestão de RSU. Foi desenvolvido no Reino Unido pela empresa Procter & Gamble.	McDougall et al., (2001); Araújo (2013).
LCAiT 4	Um software que, desde 1992, é utilizado para a avaliação ambiental de produtos e processos. Conta com um banco de dados de análise de impacto, incluindo os fatores de caracterização e de ponderação. A versão demo pode ser baixada a partir do link ao lado.	http://lcait.com/main_index.html
LCA-IWM	Projeto de pesquisa iniciado em 2002 com apoio da Comunidade Europeia intitulado "The use of **L**ife **C**ycle **A**ssessment tool for **I**ntegrated **W**aste **M**anagement strategies for cities and regions with rapid growing economies" e que resultou no LCA-IWM.	Boer, Boer e Jager (2007)

Nome	Tipo de ferramenta	Fonte ou Endereço do site na Internet
LCA-IWM	O principal objetivo deste projeto foi desenvolver ferramentas para dar suporte em cidades europeias sobre o planejamento de novos sistemas de gerenciamento de resíduos e otimizar os sistemas existentes. A partir deste projeto surgiu o LCA-IWM, que é um sistema de apoio à decisão para o planejamento e gestão de resíduos sólidos urbanos (RSU). O sistema permite a modelagem de cenários para o gerenciamento de RSU a nível de município.	Boer, Boer e Jager (2007)
LCAPIX	Módulo de software para a Avaliação do Ciclo de Vida. Fornece uma metodologia para a integração de Análise do Ciclo de Vida e método de custeio por atividades (Activity Based Costing - ABC) do ambiente corporativo por meio do Processo de Avaliação do Índice de Ciclo de Vida do LCAPIX. O LCAPIX fornece um aplicativo de software stand alone (autônomo) capaz de analisar os processos com base no produto, determinar centros de carga do ambiente e permitir o desenvolvimento de um banco de dados abrangente. O banco de dados contém informações de processos relevantes em um formato facilmente armazenável, intercambiável e analítico. O software pode suportar múltiplos sistemas industriais internos. Cada município, organização ou empresa que utiliza, produz ou descarta um produto conta com várias opções estratégicas em relação ao desempenho ambientalmente responsável e eficiente.	http://www.kmlmtd.com/index.htm

Nome	Tipo de ferramenta	Fonte ou Endereço do site na Internet
LCAPIX	O módulo LCAPIX permite o cálculo de medidas quantitativas que podem indicar a carga potencial de qualquer produto. Em seguida, é possível fazer comparações estratégicas sobre escolhas de produtos e processos.	http://www.kmlmtd.com/index.htm
MILCA	Compreende um sistema de suporte de avaliação do ciclo de vida (ACV), incluindo 3.000 datasets de processo. Mais de 600 usuários o usam regularmente. É um projeto da Japan Environmental Management Association for Industry (JEMAI).	http://www.milca-milca.net/english/index.php
openLCA	Software livre para modelagem, cálculos e avaliação do ciclo de vida de produtos. Oferece várias opções de importação e exportação de dados. Possui um módulo de conversão de formato de dados relevante, capaz de converter dados de um formato para outro. Outro módulo trabalha com o problema das incertezas nas análises do ciclo de vida. O openLCA é um software livre conhecido internacionalmente e usado por multiusuários, desde homens de negócio, profissionais e estudantes de ACV.	http://www.openlca.org/web/guest
ORWARE	Modelo de análise de fluxo de materiais e ACV, incluindo uma base de dados. Desenvolvidos por centros de pesquisa suecos (IVL, KTH e ourtos). O nome veio das iniciais de **OR**ganic **WA**ste **RE**search. É um modelo baseado em computador para o cálculo do fluxo de material, impactos ambientais e custos de gestão de resíduos. Inicialmente desenvolvido para resíduos orgânicos, daí a sigla ORWARE. mas posteriormente ampliado para dar suporte aos diversos tipos de resíduos sólidos urbanos.	Eriksson et al., (2002); Assefa et al., (2005); Araújo (2013).

Nome	Tipo de ferramenta	Fonte ou Endereço do site na Internet
ORWA-RE	O ORWARE consiste de um número de submodelos separados, que podem ser combinados para criar um sistema para a gestão de resíduos, por exemplo, em uma cidade, um município ou uma empresa.	Eriksson et al., (2002); Assefa et al., (2005); Araújo (2013).
REGIS	Software para o ecoequilíbrio e melhoria do desempenho ambiental das empresas de acordo com a ISO NBR 14031.	http://www.sinum.com/en/news/
SimaPro	SimaPro é um pacote de softwares voltados para ACV, existente há 25 anos. É um software bastante usado por profissionais da indústria e acadêmicos em mais de 80 países.	https://simapro.com/
SPINE@ CPM LCA	Banco de dados e modelo que facilitam qualquer tipo de estudos de ACV em indústrias de produtos e atividades de negócios. O Modelo SPINE é um padrão de informação que descreve como estruturar os dados ambientais de uma forma clara e transparente. O nome SPINE deriva da abreviatura de **S**ustainable **P**roduct **I**nformation **N**etwork for the **E**nvironment. A parte da base do Inventário de Ciclo de Vida contém dados que descrevem o uso de recursos e as emissões a partir de diferentes processos de produção industrial, fábricas e cadeias de abastecimento. Baseada na experiência com o SPINE, em 1998 a CPM iniciou o trabalho, em conformidade com a ISO 14048 sobre um formato de padrão mundial para dados de ACV. O resultado foi a criação do formato de documentação de dados ACV 14048 (ISO/TS 14048 LCA Data Format).	http://www.cpm.chalmers.se/CPMDatabase/AboutDatabase.htm

Nome	Tipo de ferramenta	Fonte ou Endereço do site na Internet
SPINE@ CPM LCA	Esta ISO disciplina, principalmente, a padronização de comunicação entre os vários formatos de dados que são usados entre os praticantes de ACV. A ideia por trás disso é que, se todos os aplicativos pudessem ler e gravar neste formato, então não seria necessário outro formato de mapeamento para compartilhar dados entre aplicações. O SPINE usa este formato.	http://www.cpm.chalmers.se/CPMDatabase/AboutDatabase.htm
Tarsier	Tarsier Software Solutions - Software voltado para a simulação de modelagens ambientais, incluindo recursos para as seguintes áreas: hidrologia, vida selvagem e ecossistema. Em nosso entendimento, o software não é voltado diretamente para o estudo do ciclo de vida completo de um produto, mas pode ser usado para fazer modelagens ambientais que contribuam para os estudos de ACV. Suporta o desenvolvimento de modelos separadamente de forma fácil e rápida, podendo, em caso de necessidade, fazer a integração completa dos diferentes modelos gerados. Um variado conjunto de componentes reutilizáveis está disponível para a representação de dados, visualização e análise de dados e de entrada / saída (I / O) suporte para tratamento de dados e desenvolvimento de modelos. Embora seja um software desenvolvido há mais de uma década, parece estar ainda em uma versão experimental, considerando as informações contidas no site do fornecedor.	http://tarsiersoft.com/ Watson e Rahman (2004).

Nome	Tipo de ferramenta	Fonte ou Endereço do site na Internet
The Tool	O nome completo do software é "The OECD Pov & LRTP Screening Tool", mas foi abreviado para "The Tool". Como o próprio nome indica, é um software desenvolvido pela Organização para a Cooperação e Desenvolvimento Econômico (OCDE) e disponível gratuitamente pelo site indicado ao lado. É usado para avaliação de risco ambiental na química inorgânica. O software usa métricas de persistência geral (Pov) e potencial de transporte de longa distância (LRTP) para o cálculo do risco ambiental. Especificamente, o software é voltado para apoiar a tomada de decisão sobre a gestão química e inclui recursos recomendados pelo grupo de modelagem multimídia da OCDE. É útil para a estimativa do potencial de risco da química inorgânica não ionizante, cujo partionamento ambiental pode ser descrito pela capacidade média estimada do meio ambiente na absorção particionada do ar, da água e do octanol em laboratório.	http://www.oecd.org/chemicalsafety/risk-assessment/oecdpovandlrtpscreeningtool.htm Wegmann et al. (2009). http://www.oecd.org/chemicalsafety/risk-assessment/45373514.pdf
UMBERTO	Trata-se de um dos softwares mais completos disponível no mercado. A família deste software é constituída por quatro módulos ou versões distintas. Dois deles são voltados para a eficiência do desempenho de projetos, não necessária e diretamente relacionados à ACV: a) Umberto NXT MFCA – para melhorar a eficiência de materiais –; b) Umberto NXT Efficiency – para otimizar o processo de produção. Os outros dois estão relacionados diretamente aos projetos de ACV: c) Umberto NXT CO2 – para o mapeamento completo das pegadas de carbono –; d) Umberto NXT LCA – para estudos completos de ACV. Características destes produtos.	

Nome	Tipo de ferramenta	Fonte ou Endereço do site na Internet
UMBERTO	Umberto NXT MFCA. O MFCA é um método de contabilidade de custo sobre o fluxo de material – Material flow cost accounting (MCFA) – padronizado pela ISO 14051. É o primeiro passo para alcançar a eficiência de recursos em seu processo de produção e se concentra especificamente nas ineficiências e perdas materiais. Umberto NXT Efficiency. Os recursos destes softwares permitem estabelecer a relação entre materiais e energia consumida e os custos resultantes. Possibilita também descobrir o potencial de poupança e melhorar a eficiência dos recursos. É importante observar que a eficiência de recursos é a chave para a sustentabilidade. Umberto NXT CO2. Serve para fazer a modelagem do ciclo de vida do produto e do processo de produção, bem como executar cálculos da Pegada de Carbono do Produto – Product Carbon Footprint (PCF) – ou da pegada de carbono das empresas – Corporate Carbon Footprint (CCF). Umberto NXT LCA. Possibilita construir um modelo gráfico do sistema de produção e do ciclo de vida do produto, gerar uma análise de inventário de ciclo de vida e fazer a avaliação de impacto do ciclo de vida, produzindo uma visão geral dos impactos ambientais do produto.	https://www.ifu.com/en/umberto/?
USLCID	O U.S Life Cycle Inventory Database (USLCID) pertence ao Laboratório Nacional de Energia Renovável (NREL). É uma base online de dados recolhidos sobre os materiais, produtos e processos comumente utilizados.	http://www.nrel.gov/lci/
WISARD	WISARD (Waste - Integrated Systems Assessment for Recovery and Disposal) é um software de ACV que gera informações para apoiar a tomada de decisão e avaliar as opções políticas que dizem respeito à disposição final de resíduos domésticos.	

Nome	Tipo de ferramenta	Fonte ou Endereço do site na Internet
WRATE	WRATE é um software usado para avaliar os impactos ambientais das atividades de gestão de resíduos durante todo o seu ciclo de vida. Ele permite que os usuários controlem os impactos ambientais de coleta seletiva para avançadas instalações de tratamento de resíduos, tais como a digestão anaeróbica, até a eliminação final. A principal inovação do software é a sua capacidade de adicionar processos definidos pelo usuário e composição dos resíduos. Isso possibilita que os gestores de resíduos modelem de forma mais realista seus próprios sistemas de gestão de resíduos. Devido à simplicidade da interface gráfica do usuário, o software pode ser usado visando melhorar a comunicação entre as várias partes no desenvolvimento de novas infraestruturas de gestão de resíduos. Embora originalmente desenvolvido para a Agência de Meio Ambiente, WRATE é agora propriedade e apoiado pela Golder Associates (UK) Ltd.	http://www.wrate-lca.com/

Fontes: Elaboração própria com base em consultas em Portais WEB das próprias ferramentas, U.S Life Cycle Inventory Database (2012) e Building Ecology (2016).

6.7. Bases de Dados Nacionais de ACV

As iniciativas visando a criação de base de dados nacionais (BDN) estão prosperando. Quem pesquisa este tema com frequência, costuma periodicamente descobrir em suas buscas novas iniciativas. Wolf (2014), da consultoria "Maki Consulting", fez uma pesquisa global online na qual foram convidados a participar representantes de todas as conhecidas ou suspeitas base de dados nacionais de ACV. O objetivo da pesquisa foi caracterizar em detalhe os projetos dessas bases. Ao todo, 15 organizações de 13 países ou regiões participaram da pesquisa: Austrália, Brasil, Chile (com 2 bases de dados), União Europeia, França,

Itália, Japão, Malásia, México, Quebec (província do Canadá), Taiwan, Tailândia e Estados Unidos da América. O Quadro 6.3 apresenta mais detalhes sobre essas bases de dados.

Quadro 6.3. Organizações de base de dados nacionais pesquisadas

País/Região	Nome e tipo da organização	Endereço da base na Internet	Papel no projeto da base de dados
Austrália	Australian Life Cycle Assessment Society / Não governamental	http://www.auslci.com.au	Desenvolvedor e gerente
Brasil	Universidade de Brasília / Pesquisa	http://www.acv.ibict.org	Coordenador
Chile 1	CIMM e Universidade de Concepção / Parceria governamental-privada	Não informado	Coordenador
Chile 2	Fundação Chile / Público-privada, sem fins lucrativos	http://www.consorcio-porlasustentabilid.cl	Coordenador técnico
França	ADEME / Governamental	http://www.base-impacts.ademe.fr	Coordenador
Europa	Comissão Europeia, JRC / Governamental	http://eplca.jcr.ec.europa.eu/ELCD3/	Coordenador
Itália	ENEA / Governamental, centro de pesquisa	http://lci-ilcd.bologna.enea.it:8080/Node/	Suporte técnico e metodológico
Japão	Life Cycle assessment society of Japan / Organização sem fim lucrativo	http://lca-forum.org/	Coordenador
Malásia	SIRIM / Governamental	http://mylcid.sirim.my	Iniciador e hospedeiro da base de dados
México	Centro para Projeto LCA e Sustentabilidade / Pesquisa privada	Em construção	Coordenador

País/Região	Nome e tipo da organização	Endereço da base na Internet	Papel no projeto da base de dados
Quebec	CIRAG / Acadêmica / Centro de Pesquisa	http://www.ciraig.org/en/bd-icv_qc.php	Desenvolvedor
Taiwan	Centro de pesquisa industrial e tecnológica de Taiwan / Organização de pesquisa sem fim lucrativo	http://cfc.epa.gov.tw/CIT_Beta/CIT_Ui/Fmodule/News.aspx	Assistente do Centro
Tailândia	MTEC (National Metal and Materials technology Center) / Governamental	http://www.lcidatabase.net	Coordenador
Estados Unidos 1	NREL / Fundação governamental de pesquisa	http://www.nrel.gov/lci/	Coordenador e gestor da base
Estados Unidos 2	United Stated Department of Agriculture –National Agriculture Library / Governamental	http://www.lcacommons.gov	Coordenador

Fonte: WOLF (2014) – Adaptado.

"Nada na vida deve ser temido, somente compreendido. Agora é hora de compreender mais, para temer menos".

***Marie Curie (1867-1934), prêmio Nobel de Química em 1911*.**

7. A Família das Normas Ambientais da Série ISO 14000

Este capítulo compreende uma descrição sobre a finalidade das normas ambientais mais relevantes para o desenvolvimento da sociedade.

A ISO (International Organization for Standardization – Organização Internacional de Normalização, em português) é uma intituição internacional independente, não governamental com uma adesão de 163 organismos nacionais de normalização, com sede em Genebra, Suíça. Por meio dos seus membros, reúne especialistas do mercado para compartilhar conhecimentos e desenvolver, voluntariamente, normas internacionais visando apoiar a inovação e fornecer soluções para os desafios globais baseados no consenso (ISO, 2016).

A ISO, a exemplo de outras organizações internacionais como a ONU (Organização das Nações Unidas), Banco Mundial, OEA (Organização dos Estados Americanos), BID (Banco Interamericano de Desenvolvimento) foi criada logo após a Segunda Guerra Mundial. A principal missão da ISO é fomentar o uso de padrões internacionais visando dar apoio ao desenvolvimento de produtos, serviços e processos. Padrões são essenciais para qualidade. Sem o uso de padrões, não é possível melhorar o nível de qualidade, garantia e segurança de produtos, serviços e processos a nível nacional e internacional. Os padrões são a base para gestão eficiente, eficaz e efetiva.

Nas relações comerciais internacionais, a série ISO 9000, por exemplo, se tornou um dispositivo praticamente obrigatório, a ponto de ser popularmente chamada de passaporte verde para as exportações. Na economia globalizada, sem a certificação ISO 9001 (a norma específica desta série que dá suporte à certificação de produtos ou processos), é difícil exportar. Por isso, embora de adoção optativa, as normas ISO 9000 acabam obrigando as organizações a buscarem a certificação caso queiram vender para o mercado externo.

No comércio exterior, há praticamente duas modalidades de barreiras para a exportação: uma política e outra técnica. A primeira, como o próprio nome diz, é de carater político e o governo de um país poderá usar para impor critérios por meio da criação de mecanismos capazes de dificultar a entrada de produtos ou serviços no seu território. Por exemplo, dando subsídios aos empreendedores locais para que seus produtos sejam mais baratos e tenham mais vantagens na competição com os produtos importados. As barreiras técnicas, por outro lado, tornam as relações internacionais do comércio mais transparentes, pois são geralmente baseadas na exigência de certificação pela norma ISO 9001. Assim, as empresas mais eficientes têm mais facilidade, por meio da certificação das suas linhas de produção, de colocarem seus produtos no mercado externo.

No caso das normas ambientais, procedimento parecido vem sendo adotado. Os consumidores estão mais atentos sobre os problemas causados pelas empresas que poluem o meio ambiente com o seu processo produtivo e começam a escolher produtos das empresas que demonstram que o seu sistema é sustentável e, com isso, respeitam o meio ambiente adotando processos que reduzem o consumo de matéria-prima e de energia, ou usam recursos e energias de fontes renováveis, e que optaram pela logística reversa, como forma de cuidar melhor do reuso, da reciclagem e do destino final dos seus rejeitos e resíduos.

Os Padrões internacionais "fazem as coisas funcionarem". Eles dão aos produtos, serviços e sistemas "especificações de classe mundial" capazes de garantir qualidade, segurança e eficiência. Eles são fundamentais para facilitar o comércio internacional. (ISO, 2016)

Na ISO, há normas técnicas praticamente para tudo. Uma breve pesquisa no seu portal mostrará a existência de um amplo catálogo de normas técnicas e documentos. São mais de 21 mil normas e documentos relacionados publicados pela ISO, que abrangem quase todos os setores da tecnologia, segurança alimentar, agricultura e saúde. As normas internacionais impactam a todos, em toda parte.

Para a Gestão Ambiental, também existe um bom número de normas que estão direta ou indiretamente relacionadas ao tema. No portal da ISO, há o registro de 80 normas técnicas sobre o tema. No site da ABNT (Associação Brasileira de Normas Técnicas), por outro lado, são 32 normas relacionadas à Gestão Ambiental.

7.1. A Associação Brasileira de Normas Técnicas

A ABNT é a instituição que representa o Brasil junto à Organização Internacional de Padronização. É ela que se encarrega de criar comitês que participarão das discussões nacionais ou internacionais sobre o desenvolvimento e atualização das normas técnicas. Os comitês, além de participarem das discussões, se encarregam também da criação de normas brasileiras, bem como da adaptação e conversão de normas internacionais para o idioma do país.

A ABNT é o Foro Nacional de Normalização por reconhecimento da sociedade brasileira desde a sua fundação, em 28 de setembro de 1940, e confirmado pelo governo federal por meio de diversos instrumentos legais. É uma entidade privada e sem fins lucrativos, membro fundador da Organização Internacional de Normalização, da Comissão Pan-Americana de Normas Técnicas – (COPANT) e da Associação Mercosul de Normalização (AMN). Desde a sua fundação, é também membro da Comissão Eletrotécnica Internacional (IEC). (ABNT, 2016a)

A ABNT é responsável pelo gerenciamento das Normas Brasileiras (ABNT NBR), elaboradas por profissionais ligados aos Comitês Brasileiros (ABNT/CB), Organismos de Normalização Setorial (ABNT/ONS) e Comissões de Estudo Especiais (ABNT/CEE). (ABNT, 2016a)

Os Comitês Técnicos são órgãos de coordenação, planejamento e execução das atividades de normalização técnica relacionadas com o seu âmbito de atuação, devendo compatibilizar os interesses dos produtores e dos consumidores, contando também com os organismos neutros, que são os representantes de universidades, entidades de pesquisa, governo etc. Os Comitês Técnicos podem ser classificados, em função de sua estrutura e amplitude do âmbito de atuação, em (ABNT, 2016b):

- **Comitê Brasileiro**: órgão técnico da estrutura da ABNT, formado por Comissões de Estudo.

- **Organismo de Normalização Setorial**: entidade técnica setorial, com experiência em normalização, credenciada pela ABNT para atuar no desenvolvimento de Normas Brasileiras do seu setor, também formada por Comissões de Estudo.

- **Comissão de Estudo Especial**: órgão técnico da estrutura da ABNT, criado quando o assunto de seu escopo não está contemplado no âmbito de atuação de outro Comitê Brasileiro ou Organismo de Normalização Setorial já existente.

Os Comitês Técnicos possuem um foro específico, denominado **Conselho Técnico**, cujos gestores têm assento e debatem as principais questões relacionadas ao desenvolvimento de Normas Brasileiras e os processos envolvidos neste trâmite (ABNT, 2016b).

Uma vez apresentadas as organizações que cuidam das normas internacionais de padronização (ISO) e nacionais (ABNT), passemos então às normas ambientais.

7.2. Normas Técnicas de Avaliação do Ciclo de Vida

A ACV é parte integrante e primordial para a Gestão Ambiental: uma complementa a outra, embora nos estudos técnicos específicos sobre ACV nem sempre todas as normas da família ISO 14000 sejam usadas, sendo mais comum o uso das duas normas mais conhecidas: ISO 14040 e ISO 14044.

Desse modo, das mais de 30 normas sobre Gestão Ambiental disponíveis na versão brasileira da ABNT, duas delas estão diretamente relacionadas à Avaliação do Ciclo de Vida e já foram abordadas em capítulos anteriores:

- ABNT NBR ISO 14040:2009 – Gestão ambiental - Avaliação do ciclo de vida - Princípios e estrutura

- ABNT NBR ISO 14044:2009 – Gestão ambiental - Avaliação do ciclo de vida - Requisitos e orientações

O fato de essas normas estarem mais diretamente relacionadas à ACV não significa que outras normas técnicas da Gestão Ambiental não precisem ser usadas em determinados momento em um estudo de Avaliação do Ciclo de Vida. Muitas vezes o uso de outras normas da família de gestão ambiental se torna essencial na busca da eficiência neste tipo de estudo. Por exemplo, em um estudo que requer a utilização da tecnologia gráfica para o cálculo da pegada de carbono de produtos impressos, o uso da norma técnica "ABNT NBR ISO 16759:2014 – Tecnologia gráfica - Quantificação e comunicação para o cálculo da pegada de carbono de produtos impressos" é altamente recomendado (ABNT NBR ISO 16759:2014, 2014). Outro exemplo: para o desenvolvimento da Fase 1 da ACV, a ABNT NBR ISO 14049:2014 deveria ser consultada, uma vez que esta norma trata especificamente da "Gestão ambiental – Avaliação do ciclo de vida - Exemplos ilustrativos de como aplicar a ABNT NBR ISO14044 à definição de objetivo e escopo e à análise de inventário".

7.3. Normas Técnicas de Gestão Ambiental

As normas ABNT NBR ISO da família 14000 constituem-se em um compêndio de normas elaboradas para serem usadas conjunta ou independentemente. Estas normas complementam umas às outras e tornam a gestão ambiental um processo mais coerente e integrado. Cada uma delas fornece às organizações ferramentas de gerenciamento, de modo a possibilitar o planejamento, a organização, a avaliação, o controle e o monitoramento dos impactos ambientais.

Mas, juntas, essas normas podem proporcionar benefícios econômicos tangíveis significativos, incluindo os seguintes (ABNT NBR ISO 14040:2009, 2009; ABNT NBR ISO 14044:2009, 2009; ABNT NBR ISO 14001:2015, 2015):

- Realização de estudos de ACV visando a redução dos impactos ambientais
- Redução do uso de matérias-primas e de recursos
- Redução do consumo de energia
- Melhoria da eficiência do processo
- Geração dos custos e disposição final dos resíduos
- Utilização de recursos recuperáveis.

Contudo, para que a gestão ambiental seja bem-sucedida e produza os resultados dela esperados, é preciso, além das normas técnicas, recorrer a ferramentas próprias de gestão. Uma destas ferramentas vem sendo mais divulgada, a ponto de ser introduzida em documentos da própria ISO. Trata-se do famoso ciclo da melhoria contínua, comumente conhecido como Ciclo de Deming (1999), PDSA ou PDCA. Deming (1999) foi um dos pioneiros da gestão da qualidade, também conhecido como o "Pai da Qualidade" americana. Embora o PDSA tenha sido desenvolvido por Shewhart, professor de Deming (SHEWHART, 1939), foi o próprio Deming que, ao passar a usá-lo sistematicamente nas atividades de melhoria da qualidade, tornou este método mundialmente conhecido.

7.3.1 Normas Técnicas de Gestão Ambiental e PDCA

O PDCA é uma sigla que compreende:

- P (de Plan) – Planejar (o que deve ser feito, como fazer, quando fazer, etc.;)
- D (de Do) – Implementar ou fazer o que foi planejado
- C (de Check) – Verificar se o que foi feito saiu conforme planejado (para Shewhart, esse passo era conhecido como S, que significava Study – Estudar. Deming achou que C ficaria mais apropriado, e então substituiu Study por Check), tornando o PDSA mundialmente conhecido como PDCA.
- A (de Action) – Agir corretivamente e/ou implementar melhorias.

Estas ações devem ser usadas ciclicamente, visando a criação de um clima capaz de instalar a melhoria contínua na linha de produção ou de execução de um serviço, ou processo.

O objetivo é sempre melhorar produtos, serviços e processos por meio das seguintes ações: planejar (P), implementar (D), monitorar (medindo e analisando) (C) e agir proativamente visando demonstrar e assegurar a conformidade do sistema de gestão da qualidade (SGQ). Por isso, o PDCA é um excelente instrumento na busca do aperfeiçoamento deste sistema.

A Figura 7.1 ilustra como o PDCA é representado na forma de um circulo, visando a busca pela qualidade de forma contínua.

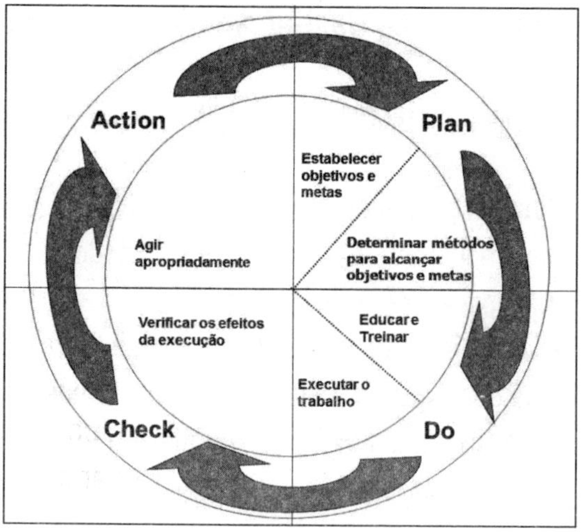

Fonte: Elaboração própria.

Figura 7.1. PDCA – O ciclo de melhoria contínua

A Figura 7.2 apresenta interações entre o PDCA e as normas ambientais, em cada uma de suas quatro atividades.

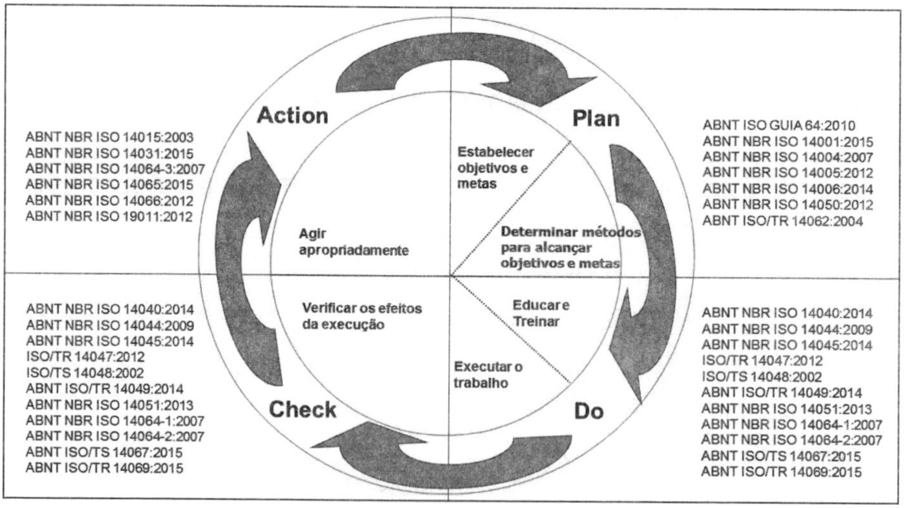

Fonte: Elaboração própria.

Figura 7.2. O PDCA e a Gestão da Qualidade Ambiental

Após entender o papel do PDCA na gestão da qualidade ambiental, vejamos como cada uma das normas da série 14000 pode ser classificada com base na sua utilização.

O Quando 7.1 mostra esta classificação e foi elaborado com base nas normas brasileiras da série 14000, tendo como exemplo o documento: Environmental Management – The ISO 14000 family of International Standards (ISO 14000).

QUADRO 7.1. A Família ISO 14000 e sua classificação de acordo com a Gestão Ambiental

Planejar (Plan)	Implementar (Do)	Verificar (Check)	Agir (Act)
...a implantação do sistema de gestão ambiental	...a gestão dos aspectos ambientais do ciclo de vida	...a auditoria e a avaliação do desempenho ambiental	...sobre a comunicação e uso das declarações e reivindicações
ABNT NBR ISO 14050:2012 – Gestão ambiental - Vocabulário	**ABNT NBR ISO 14040:2009 Versão Corrigida:2014** – Gestão ambiental - Avaliação do ciclo de vida - Princípios e estrutura	**ABNT NBR ISO 14015:2003** – Gestão ambiental - Avaliação ambiental de locais e organizações (AALO)	**ABNT NBR ISO 14020:2002** – Rótulos e declarações ambientais - Princípios Gerais
ABNT NBR ISO 14001:2015 – Sistemas de Gestão Ambiental - Requisitos com orientações para uso	**ABNT NBR ISO 14044:2009 Versão Corrigida:2014** – Gestão ambiental - Avaliação do ciclo de vida - Requisitos e orientações	**ABNT NBR ISO 14031:2015** – Gestão ambiental - Avaliação de desempenho ambiental - Diretrizes	**ABNT NBR ISO 14021:2013** – Rótulos e declarações ambientais - Autodeclarações ambientais (Rotulagem do tipo II)

Planejar (Plan)	Implementar (Do)	Verificar (Check)	Agir (Act)
...a implantação do sistema de gestão ambiental	...a gestão dos aspectos ambientais do ciclo de vida	...a auditoria e a avaliação do desempenho ambiental	...sobre a comunicação e uso das declarações e reivindicações
ABNT NBR ISO 14004:2005 Versão Corrigida 2:2007 – Sistemas de gestão ambiental - Diretrizes gerais sobre princípios, sistemas e técnicas de apoio	**ISO/TR 14047:2012 *** – Environmental management - Life cycle assessment - Illustrative examples on how to apply ISO 14044 to impact assessment situations	**ABNT NBR ISO 19011:2012** – Diretrizes para auditoria de sistemas de gestão	**ABNT NBR ISO 14024:2004** – Rótulos e declarações ambientais - Rotulagem ambiental do tipo I - Princípios e procedimentos
ABNT NBR ISO 14005:2012 – Sistemas de gestão ambiental — Diretrizes para a implementação em fases de um sistema de gestão ambiental, incluindo o uso de avaliação de desempenho ambiental	**ISO/TS 14048:2002 *** – Environmental management — Life cycle assessment — Data documentation format		**ABNT NBR ISO 14025:2015** – Rótulos e declarações ambientais - Declarações ambientais de Tipo III - Princípios e procedimentos

Planejar (Plan)	Implementar (Do)	Verificar (Check)	Agir (Act)
...a implantação do sistema de gestão ambiental	...a gestão dos aspectos ambientais do ciclo de vida	...a auditoria e a avaliação do desempenho ambiental	...sobre a comunicação e uso das declarações e reivindicações
			ISO/AWI 14033 * Environmental management - Quantitative environmental information - Guidelines and examples. Em processo de adoção pela ABNT
Abordam os aspectos ambientais dos produtos e normas de produto		**Avaliam o desempenho de gás do efeito de estufa**	
ABNT ISO GUIA 64:2010 – Guia para consideração de questões ambientais em normas de produtos	**ABNT ISO/TR 14049:2014** – Gestão ambiental – Avaliação do ciclo de vida – Exemplos ilustrativos de como aplicar a ABNT NBR ISO 14044 à definição de objetivo e escopo e à análise de inventário	**ABNT NBR ISO 14064-3:2007** – Gases de efeito estufa Parte 3: Especificação e orientação para a validação e verificação de declarações relativas a gases de efeito estufa	**ABNT NBR ISO 14063:2009** – Gestão ambiental – Comunicação ambiental – Diretrizes e exemplos

Planejar (Plan)	Implementar (Do)	Verificar (Check)	Agir (Act)
...a implantação do sistema de gestão ambiental	...a gestão dos aspectos ambientais do ciclo de vida	...a auditoria e a avaliação do desempenho ambiental	...sobre a comunicação e uso das declarações e reivindicações
ABNT NBR ISO 14006:2014 – Sistemas da Gestão Ambiental – Diretrizes para incorporar o eco design	**ABNT NBR ISO 14051:2013** – Gestão ambiental – Contabilidade dos custos de fluxos de material – Estrutura geral	**ABNT NBR ISO 14065:2015** – Gases do efeito estufa – Requisitos para organismos de validação e verificação de gases de efeito estufa para uso em acreditação e outras formas de reconhecimento	
	ABNT NBR ISO 14045:2014 – Gestão ambiental – Avaliação da ecoeficiência de sistemas de produto – Princípios, requisitos e orientações		
Gerenciar Gases de Efeito Estufa			

Planejar (Plan)	Implementar (Do)	Verificar (Check)	Agir (Act)
...a implantação do sistema de gestão ambiental	...a gestão dos aspectos ambientais do ciclo de vida	...a auditoria e a avaliação do desempenho ambiental	...sobre a comunicação e uso das declarações e reivindicações
ABNT ISO/TR 14062:2004 – Gestão ambiental – Integração de aspectos ambientais no projeto e desenvolvimento do produto	**ABNT NBR ISO 14064-1:2007** – Gases de efeito estufa Parte 1: Especificação e orientação a organizações para quantificação e elaboração de relatórios de emissões e remoções de gases de efeito estufa	**ABNT NBR ISO 14066:2012** – Gases de efeito estufa – Requisitos de competência para equipes de validação e equipes de verificação de gases de efeito estufa	
	ABNT NBR ISO 14064-2:2007 – Gases de efeito estufa Parte 2: Especificação e orientação a projetos para quantificação, monitoramento e elaboração de relatórios das reduções de emissões ou da melhoria das remoções de gases de efeito estufa		

Planejar (Plan)	Implementar (Do)	Verificar (Check)	Agir (Act)
...a implantação do sistema de gestão ambiental	...a gestão dos aspectos ambientais do ciclo de vida	...a auditoria e a avaliação do desempenho ambiental	...sobre a comunicação e uso das declarações e reivindicações
	ABNT ISO/TS 14067:2015 – Gases de efeito estufa – Pegada de carbono de produtos – Requisitos e orientações sobre quantificação e comunicação		
	ABNT ISO/TR 14069:2015 – Gases do efeito estufa. Quantificação e elaboração de relatórios de emissões de gases de efeito estufa para as organizações - Orientação para a aplicação da ABNT NBR ISO 14064-1		

Nota: * Estas normas não têm ainda a versão brasileira correspondente.

Fontes: ISO 14000 e ABNT (2016a) – Adaptado

O Quadro 7.2 descreve o que deve ser feito ao adotar o modelo PDCA na Gestão Ambiental, indicando as respectivas normas ABNT NBR ISO.

QUADRO 7.2. O PDCA da Gestão Ambiental

ATIVIDADE	DESCRIÇÃO DO QUE FAZER	REFERÊNCIA
PLAN / Planejar	• Escolher e definir a metodologia de ACV (critérios, medidas, métodos, modelos e padrões) a ser adotada visando garantir a boa operação e o controle de todos os processos ambientais • Identificar, interna e externamente, as iniciativas, as ações, as atividades e os projetos requeridos para a boa gestão do sistema ambiental • Levantar e inventariar os impactos ambientais em potencial • Estabelecer a sequência física e lógica de todos os fluxos da cadeia produtiva • Definir indicadores de gestão ambiental • Elaborar planos de ação voltados para a mitigação dos problemas ambientais e estabelecer prioridades para a sua implementação	ABNT ISO GUIA 64:2010 ABNT NBR ISO 14001:2015 ABNT NBR ISO 14004:2007 ABNT NBR ISO 14005:2012 ABNT NBR ISO 14006:2014 ABNT NBR ISO 14050:2012 ABNT ISO/TR 14062:2004

ATIVIDADE	DESCRIÇÃO DO QUE FAZER	REFERÊNCIA
DO / Fazer	• Assegurar a disponibilidade de informações e recursos necessários para apoiar toda a gestão ambiental • Implementar os planos de ação com base nas melhores práticas de gestão ambiental	ABNT NBR ISO 14040:2014 ABNT NBR ISO 14044:2009 ABNT NBR ISO 14045:2014 ISO/TR 14047:2012 ISO/TS 14048:2002 ABNT ISO/TR 14049:2014 ABNT NBR ISO 14051:2013 ABNT NBR ISO 14064-1:2007 ABNT NBR ISO 14064-2:2007 ABNT ISO/TS 14067:2015 ABNT ISO/TR 14069:2015
CHECK / Verificar	• Acompanhar, monitorar, medir e analisar os resultados decorrentes da implementação dos planos de ação por meio de indicadores de desempenho	ABNT NBR ISO 14015:2003 ABNT NBR ISO 14031:2015 ABNT NBR ISO 14064-3:2007 ABNT NBR ISO 14065:2015 ABNT NBR ISO 14066:2012 ABNT NBR ISO 19011:2012

ATIVIDADE	DESCRIÇÃO DO QUE FAZER	REFERÊNCIA
ACT / Agir corretiva-mente	• Implementar ações necessárias para alcançar os resultados planejados e a melhoria contínua do sistema de gestão ambiental	ABNT NBR ISO 14020:2002 ABNT NBR ISO 14021:2013 ABNT NBR ISO 14024:2004 ABNT NBR ISO 14025:2015 ISO/AWI 14033 ABNT NBR ISO 14063:2009

Fontes: Elaboração própria

“Todo dia é um novo dia, uma nova oportunidade de melhorarmos, e o PDCA pode também ser aplicado à vida de cada um de nós”.

Claudio Fernando Mahler.

8. Estudos de casos – Breve descrição

Neste capítulo são apresentados dois estudos de caso com a finalidade de exemplificar o uso prático da ACV. Ambos os estudos são oriundos de pesquisas acadêmicas da Universidade Federal do Rio de Janeiro e visam mostrar a aplicação da ferramenta de avaliação do ciclo de vida em dois casos específicos, conforme descrito a seguir.

8.1. Primeiro estudo de caso

Tema – Avaliação do ciclo de vida na gestão de resíduos sólidos do Centro de Tecnologia da Universidade Federal do Rio de Janeiro.

Esse estudo fez parte da dissertação de mestrado de Eduardo Tardelli de Andrade (ANDRADE, 2014), orientado pelos Professores Heitor Mansur Calliraux e Claudio Fernando Mahler.

8.1.1 Breve introdução

O impacto ambiental decorrente do aumento dos resíduos sólidos urbanos (RSU) e da sua má gestão é extremamente preocupante, especialmente nos países em desenvolvimento. A quantidade de lixo gerada cresce na mesma proporção do aumento da população e de renda dos cidadãos, bem como a enorme contaminação ambiental, por absoluta incompetência da maioria dos órgãos públicos responsáveis pela limpeza e saneamento público.

Daí a necessidade de um sistema de gestão que ofereça organização e facilidades de modo a possibilitar a coleta seletiva, o transporte, o tratamento e a destinação final dos RSU. O principal problema de gestão dos RSU começa com a coleta seletiva que, uma vez devidamente realizada, pode contribuir significativamente para a redução dos demais problemas de gestão. É claro que recursos são importantes, mas o problema no Brasil não é a sua falta, mas o mau direcionamento.

8.1.2 Colocação do problema

As principais Universidades Federais brasileiras têm como característica comum um elevado e diversificado número de instalações, em muitos casos assemelhando-se a pequenas cidades. Trata-se geralmente de uma complexa infraestrutura com diferentes tipos de instalações, como: unidades administrativas, acadêmicas, laboratórios, centro de estudos e pesquisa, restaurantes, lanchonetes, hospitais universitários, etc. Essa infraestrutura consume uma variedade de produtos e serviços capazes de gerar um considerável volume de resíduos de diferentes tipos e classes, cuja gestão requer um sistema que minimize o impacto ambiental causado.

Tecnicamente, os modelos de gestão de resíduos sólidos (GRS) variam consideravelmente entre cada uma das instituições. Na UFRJ, o programa Recicla CT (Centro Tecnológico), iniciado em 2007, é a principal iniciativa de coleta seletiva da instituição.

O CT está localizado na Ilha da Cidade Universitária na cidade do Rio de Janeiro, comumente conhecida como Ilha do Fundão. É o segundo maior Centro da Universidade, composto por uma comunidade com cerca de 500 professores, 6.400 alunos de graduação, 4.500 alunos de pós-graduação e 600 servidores técnico-administrativos divididos em quatro importantes unidades acadêmicas: a Escola Politécnica, a Escola de Química, o Instituto Alberto Luiz Coimbra de Pós-Graduação e Pesquisa em Engenharia (COPPE) e o Instituto de Macromoléculas Professora Eloisa Mano (IMA).

8.1.3 Objetivos do estudo

Objetivo principal – Avaliar o sistema de coleta seletiva de resíduos sólidos do Centro Tecnológico (CT) da Universidade Federal do Rio de Janeiro (UFRJ) visando estimar o impacto ambiental deste sistema (cenário vigente na época do estudo) e compará-lo com dois outros cenários: um pessimista (sem a realização da coleta seletiva) e outro otimista (considerado de máxima eficiência na triagem e coleta seletiva).

Objetivos específicos – Para alcançar a meta principal proposta no estudo, o trabalho foi desdobrado em três objetivos específicos, descritos a seguir.

- Mensurar a eficiência do programa de coleta seletiva do CT-UFRJ por meio da análise de relação entre o quantitativo de material reciclável selecionado pelo processo de triagem e pela estimativa de resíduos recicláveis gerados dentro da área de abrangência do programa;

- Identificar os principais gargalos no processo de coleta seletiva do CT, por meio da avaliação do sistema de coleta e destinação de resíduos sólidos com base no ambiente universitário estudado;

- Quantificar as oportunidades de melhoria (diminuição de impactos) pelo aumento da eficiência e da eficácia da coleta seletiva por meio do cálculo dos impactos ambientais do atual modelo de gestão de resíduos do CT-UFRJ.

Nesse estudo foram empregados a metodologia de Avaliação do Ciclo de Vida e o software EASEWASTE, uma versão anterior do EASETECH, com sua base de dados padrão. No final do estudo foram comparados os três cenários, concluindo-se que o atual sistema de coleta seletiva realizado no CT é responsável pela redução de 15% nos impactos ambientais, normalizados, relacionados à Gestão de Resíduos Sólidos (GRS).

8.1.4 Características de uma unidade funcional

A principal finalidade da definição da unidade funcional é possibilitar a normalização, por meio de cálculo matemático, dos dados utilizados, tanto de entrada quanto de saída.

Para melhor caracterizar as unidades funcionais, Andrade (2014) aponta alguns exemplos, como: a) em um estudo de ACV que tenha como objetivo comparar tecnologias de secagem de mãos entre toalhas de papel e sopradores de ar, a definição da unidade funcional poderia ser um par de mãos secas. Dessa forma, é possível comparar os impactos causados entre os KWH gastos pelo aparelho elétrico e a massa de papel necessária para se alcançar o mesmo resultado, duas mãos secas; b) em outro estudo cujo objetivo fosse a comparação entre meios de transporte de pessoas, a unidade funcional poderia ser definida como o número de pessoas transportadas por hora e distância (pessoas/h/km). Esta definição possibilitaria comparar, por exemplo, diversos veículos com consumo energético e combustíveis diferentes.

Considerando o objetivo proposto no presente estudo de caso, avaliar o sistema de coleta seletiva de resíduos sólidos do Centro Tecnológico da UFRJ e as características do software utilizado no estudo (EASEWASTE), Andrade (2014, p.134) decidiu usar como unidade funcional "a massa estimada total de resíduos comuns gerados no mês de julho de 2013 no CT-UFRJ, um montante aproximado de 46,5 toneladas/mês". Este montante foi calculado tendo como base o "resultado da análise gravimétrica e os números registrados pelo programa de triagem" do CT--URRJ, e, considerando a soma das partes, este método é coerente com o padrão de unidade funcional usado pelo EASEWASTE.

8.1.5 Unidade funcional definida para o estudo

Adotou-se como unidade funcional a massa estimada total de resíduos comuns gerados no mês de julho de 2013 no CT-UFRJ, um montante aproximado de 46,5 toneladas/mês. O método para cálculo desse montante considerou o resultado da análise gravimétrica e os números registrados pelo programa de triagem, valendo-se então da soma das partes. Esse formato de unidade funcional está em consonância com o formato de unidade funcional utilizado pelo software adotado por essa pesquisa, o EASEWASTE.

8.1.6 Desenvolvimento do estudo

No estudo realizado foi usada a metodologia padrão do EASEWASTE. Para o cálculo do Inventário do Ciclo de Vida e de Análise de Inventário do Ciclo de Vida foi usada a base de dados também padrão deste software.

A construção de cenários no EASEWASTE segue uma ordem sequencial preestabelecida, que é a seguinte: a) geração; b) coleta; c) tratamento, recuperação e disposição dos resíduos.

Conforme descrito antes, nesse estudo foram criados três cenários: a) o primeiro teve como objetivo retratar o estado atual da GRS no CT; b) o segundo levou em consideração a previsão de uma situação otimista, em que 100% do volume de resíduos gerados e recicláveis seriam coletados, separados e enviados para reciclagem; c) e o terceiro prevendo uma situação pessimista, com a não existência da coleta seletiva (Recicla CT) e a destinação integral dos resíduos ao aterro sanitário.

A construção destes cenários buscou, principalmente, simular e gerar uma escala de comparação e facilitar a interpretação dos resultados da ACV. A criação dos cenários foi baseada em toneladas de resíduos geradas.

A geração do resultado final sobre o cálculo do ICV feito pelo EASEWASTE é um conjunto de informações sobre o inventário, potenciais de impacto, normalização e ponderação, apresentadas em tabelas distintas. Considerando o grande tamanho destas tabelas, elas não são apresentadas neste estudo de caso.

O cálculo da Avaliação do Impacto do Ciclo de Vida (AICV) é uma consequência do balanço de materiais e substâncias a ele relacionados e gera como resultado uma relação dos potenciais impactos ambientais, devidamente baseados nos métodos usados pelo EASEWASTE (IPCC, EDIP1997 e Eco-Indicador95).

Para o estudo de ACV comparativo entre os três cenários projetados, Andrade (2014) optou por manter o método e o grupo de categorias pré-selecionados pelo software, sendo que os impactos são avaliados em 15 diferentes categorias, apresentadas em tabelas diferentes na medida em que são feitas as etapas de normalização e ponderação.

A Tabela 8.1 mostra os resultados obtidos com a realização da normalização e da ponderação (feita usando o método EDIP97). Observe que os cenários são mostrados na tabela após a descrição do impacto, da coluna da esquerda para a da direta na seguinte ordem: primeiro o cenário com "zero coleta seletiva", em seguida o cenário sobre as condições atuais e, por último, o cenário com 100% de eficiência na coleta seletiva. As duas últimas colunas servem para a comparação dos cenários fictícios com o status atual dos potenciais impactos proporcionados pelo Recicla CT na gestão dos resíduos sólidos da UFRJ.

Tabela 8.1. Comparação dos cenários ponderados

Ponderação dos Impactos – Método EDIP97 (PET) / Unidade	Zero Recicla CT	Atual	Máxima Eficiência	Zero/ Atual	Máxima/ Atual
Total	2,82E+11	2,41E+11	1,74E+11	17%	-28%
Esgotamento de recursos – Agregado / Kg	0,00E+00	0,00E+00	0,00E+00	0%	0%
Toxidade humana por água / m^3	5,51E+08	4,71E+08	3,41E+08	17%	-28%
Aquecimento global 100 anos / Kg CO_2-eq	4,92E+04	4,20E+04	3,04E+04	17%	-28%

Deterioração de recursos hídricos subterrâneos / m^3 água	0,00E+00	0,00E+00	0,00E+00	0%	%0
Ecotoxicidade em solos / m^3 solo	1,16E+05	9,87E+04	7,15E+04	17%	-28%
Destruição de ozônio estratosférico / kg FCC_{11}-eq	7,34E+01	5,94E+01	4,68E+01	24%	-21%
Toxidade humana por ar / m^3 ar	8,61E+04	7,64E+04	6,07E+04	13%	-21%
Acidificação / Kg SO_2-eq	8,74E+04	7,55E+04	5,62E+04	16%	-26%
Ecotoxicidade armazenada na água / m^3 água	0,00E+00	0,00E+00	0,00E+00	0%	%0
Toxidade humana por solo / m^3 solo	8,90E+04	7,61E+04	5,51E+04	17%	-28%
Formação de ozono fotoquímico, Alto Nox / kg C_2H_4-eq	1,15E+04	1,15E+04	9,08E+03	13%	-21%
Ecotoxicidade armazenada no solo / m^3 solo	0,00E+00	0,00E+00	0,00E+00	0%	%0
Enriquecimento de nutriente / kg NO^3-eq	5,43E+05	4,64E+05	3,37E+05	17%	-27%
Formação de ozônio fotoquímico, Baixo Nox / kg C_2H_4-eq	1,09E+04	9,61E+03	7,47E+03	14%	-22%
Ecotoxicidade crônica na Água / m^3 água	2,81E+11	2,40E+11	1,74E+11	17%	28%

Fonte: Andrade (2014, p.109), com a inclusão das unidades de medidas

Ao analisar os dados desta tabela, nota-se que quatro categorias de impacto apresentaram resultados zerados após a ponderação: ecotoxicidade armazenada no solo, ecotoxicidade armazenada na água, deterioração de recursos hídricos subterrâneos e esgotamento de recursos. Contudo, "a anulação dos impactos, por estas categorias, pode estar relacionada à inexistência de metas de redução política e horizontes de alimentação dentro da base de dados do software utilizado" (ANDRADE, 2014, p.110).

8.1.7 Interpretação do ciclo de vida

Na época do estudo, ao fazer a interpretação dos resultados da AICV pela comparação dos resultados obtidos nos cenários utilizados com a presença do Recicla CT e a reciclagem de materiais selecionados, ANDRADE (2014) observou que os resíduos gerados no CT-UFRJ causam 17% menos impactos do que promoveriam se fossem enviados integralmente para o aterro sanitário.

Igualmente, pela comparação dos resultados, é possível perceber que os números indicam a possibilidade de uma redução de 28% no nível de impacto atual caso o Recicla CT alcance a eficiência máxima na coleta e destine o montante de materiais recicláveis integralmente para a indústria da reciclagem (ANDRADE, 2014, p.110).

Para melhor compreender o nível de eficiência do Recicla CT, o Gráfico 8.1 destaca os resultados percentuais obtidos pela coleta seletiva, por categoria de resíduos, excetuando-se a parcela de matéria orgânica gerada pelo CT-UFRJ.

Gráfico 8.1. Eficiência na coleta seletiva dos resíduos inorgânicos

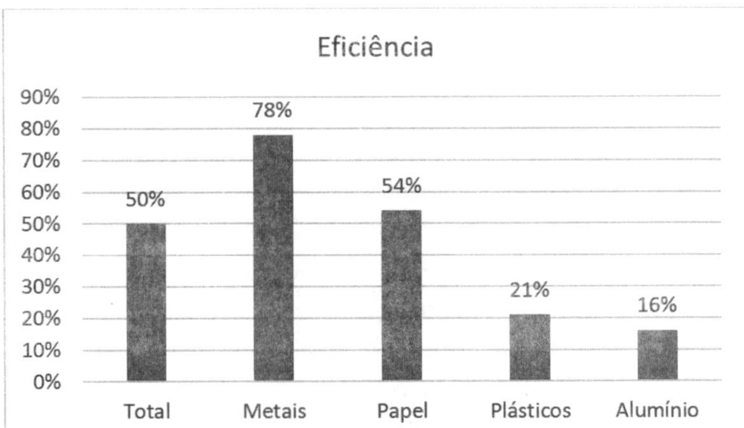

Fonte: Andrade (2014, p. 112) – Adaptado.

Conforme observa Andrade (2014, p.112), "descontada a matéria orgânica, o percentual de eficiência da coleta seletiva total sobe de 15% para 50% (Gráfico 8.1). Portanto, investindo-se exclusivamente em ações para dobrar a eficiência da coleta seletiva e destinando corretamente a totalidade dos materiais recicláveis, o melhor e mais improvável cenário previsto promoveria uma redução de 38% frente ao pior cenário estipulado".

Po outro lado, Andrade (2014, p.112) observa que, "embora os números indiquem espaço para a evolução na gestão dos materiais recicláveis, no CT-UFRJ, tal qual no cenário brasileiro em geral, a maior parcela dos resíduos é de matéria orgânica, conforme mostra o Gráfico 8.2.

Gráfico 8.2. Composição percentual dos resíduos do CT-UFRJ

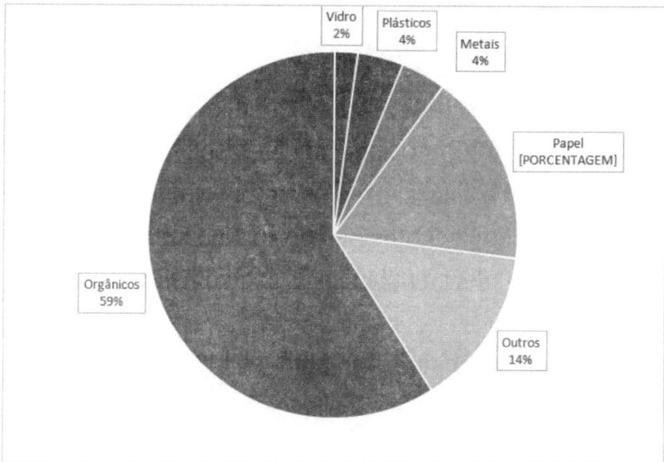

Fonte: Andrade (2014, p. 112) – Adaptado.

Ao analisar os dados do Gráfico 8.2, Andrade (2014, p. 112) observa que, "quando o sistema de gestão de resíduos do CT-UFRJ considera a reciclagem e a disposição final em aterros, o prevalecente volume de matéria orgânica" mostrado no Gráfico 8.2 estaria "inevitavelmente ligado à principal razão dos elevados impactos ambientais calculados" no estudo.

O estudo realizado permite também observar que, no cenário atual, 85% dos resíduos são destinados ao aterro sanitário e que, independente do cenário, nota-se que quase a totalidade do peso dos impactos ambientais está ligada à fase de tratamento de resíduos.

A Tabela 8.2, elaborada a partir da normalização da AICV com base na metodologia EDIP97, mostra somente os dados referentes à **fase de tratamento** nos três cenários.

Tabela 8.2. Total de impactos referentes ao tratamento dos resíduos sólidos

Categorias	Atividade	Total Cenário Zero Recicla CT	Total Cenário Atual	Total Cenário Máxima Eficiência
Papel	Papel (Diferentes qualidades de papéis e papelões) em papelões e papéis	-	-2,96E+00	-5,55E+00
Plástico	Plástico em granulados de plástico	-	-1,36E+00	-1,10E+01
Ferro	Sucata de ferro em aço laminado	-	9,01E-01	9,57E-01
Vidro	Cacos de vidro em novos produtos (60% matéria virgem)	-	-1,48E-01	-5,72E-01
Alumínio	Sucata de alumínio em novas latas de alumínio	-	-2,01E+09	-1,25E=10
Demais Resíduos	Convencional, resíduos residenciais, queima de gás, 100 anos	2,39E+11	2,06E+11	1,60E+11

Fonte: Andrade (2014, p. 115) - Adaptada.

Com base nos dados da Tabela 8.2, é possível observar que "entre as tecnologias de tratamento via reciclagem, apenas no reprocessamento da categoria 'ferro' houve impacto positivo, com degradação ambiental equivalente a 0,9 PE (Person Equivalent ou Equivalente por Pessoa). O potencial impacto ou o consumo de recursos de uma determinada categoria é dividido pela normalização correspondente e a unidade dos resultados normalizados passa a ser Person Equivalent (PE). Todos os demais processos de reciclagem resultaram em impactos negativos". Portanto, "contribuem para a manutenção do meio ambiente evitando outros impactos".

Para concluir, vale a pena observar que o programa Recicla CT contribui positivamente para a redução de impactos ambientais.

8.2. Segundo estudo

Tema – Modelo de Avaliação do Ciclo de Vida para a Gestão de Resíduos Sólidos de Equipamentos Eletroeletrônicos no Brasil.

O estudo faz parte de uma Tese de Doutorado desenvolvida e defendida por Marcelo Guimarães Araújo no Programa de Pós-graduação em Planejamento Energético da Universidade Federal do Rio de Janeiro, sob a orientação dos professores Alessandra Magrini e Claudio Fernando Mahler (ARAÚJO, 2013).

8.2.1 Breve introdução

A geração de resíduos de equipamentos eletroeletrônicos (REEE) cresce mundialmente na medida em que aumenta a população, seu poder aquisitivo e a diminuição da vida útil destes equipamentos, o que é um caso comum na maioria dos países. Apenas para se ter uma ideia sobre o volume de REEE gerado em alguns dos países da América Latina, basta observar os dados mostrados na Tabela 8.3, adaptada por Araújo et al. (2012).

Tabela 8.3. Comparação das estimativas de geração de resíduos de computadores (incluindo monitores) de países da América Latina

País	Geração (ton/ano)	Ano	Em kg per capita
Brasil	56.270	2008	0,30
México	47.500	2006	0,44
Argentina	20.000	2007	0,49
Colômbia	7.400	2007	0,17
Peru	7.300	2007	0,26
Chile	7.000	2008	0,42

Fonte: Araújo et al. (2012) - Adaptado.

O potencial de poluição ambiental dos REEE, seu índice de crescimento e a gestão ineficiente destes resíduos, especialmente no caso dos países em desenvolvimento, vem se tornando um problema cada vez mais sério e um desafio para os agentes gestores de resíduos.

8.2.2 Colocação do problema

O impacto causado pelo descarte ou disposição final de equipamentos eletroeletrônicos (EEE) em locais não adequados vem preocupando cada vez mais os gestores de resíduos sólidos urbanos e a população de uma maneira geral, dada a presença de materiais pesados neste tipo de equipamentos, como mercúrio, chumbo, cádmio, etc., e que acabam causando danos à saúde humana e ao meio ambiente.

O problema é preocupante devido ao crescente aumento do volume de venda e a diminuição da vida útil dos EEE, bem como o crescimento do volume de resíduos gerados.

8.2.3 Objetivo do estudo

O principal objetivo do trabalho de Araújo (2013) foi desenvolver, para o município do Rio de Janeiro, um modelo para a gestão de resíduos eletroeletrônicos com base na avaliação do ciclo de vida de modo que pudesse servir como ferramenta para a gestão de resíduos de equipamentos eletroeletrônicos (REEE) do tipo desktop, que ocupam lugar de destaque no volume e venda e por seu alto impacto ambiental.

8.2.4 Definição do escopo do estudo

8.2.4.1 Unidade funcional

A unidade funcional definida para o estudo foram os resíduos de um computador desktop sem monitor em fim de vida útil.

Araújo (2013) fez também outras definições para o ponto de partido do estudo, como:

Fluxo dos processos – Um computador desktop Pentium IV, com 40 Gb de memória RAM, 521 Mb de memória secundária (HD) com 11,3 kg, sem monitor de vídeo, definido a partir de datasets disponíveis no banco de dados Ecoinvent, assumindo uma vida útil de quatro anos para este equipamento.

Abrangência temporal – Equipamento em final de vida útil no ano de 2010, fabricado em torno do ano de 2006.

Abrangência regional – Extração de recursos e manufatura realizada com datasets do tipo global (GLO). Gestão de resíduos do equipamento no município do Rio de Janeiro, exceto para a placa de circuito impresso modelada para tratamento em fundição integrada na Europa, incluindo transporte, emissões e infraestrutura do tratamento.

Fronteiras do sistema – Definidas a partir do ponto de coleta central dos REEE até a disposição final dos rejeitos em aterro sanitário e/ou recuperação dos materiais utilizados em outros sistemas de produto. Foram incluídos todos os processos inerentes aos cenários construídos, até mesmo transportes rodoviário e marítimo para as instalações que realizam o tratamento dos resíduos, além da infraestrutura das instalações, uso de eletricidade da matriz energética brasileira e recuperação dos materiais conforme os cenários.

8.2.5 Desenvolvimento do estudo

Para desenvolver o modelo proposto, Araújo (2013) usou como ferramenta de simulação da ACV o software Simapro e a base de dados Ecoinvent e definiu dois cenários (base e alternativo). O cenário base foi construído com a finalidade de prever o envio dos resíduos de computadores desktop para aterros sanitários juntamente com os demais resíduos sólidos municipais. O cenário alternativo foi construído visando apoiar a operação de desmontagem de computadores, com o aproveitamento das partes para a montagem de computadores remanufaturados e considerando que as partes aproveitadas seriam enviadas para processo de tratamento e reciclagem no Estado do Rio de Janeiro e na Europa (placa de circuito impresso), seguindo a hierarquia de gestão recomendada pela Política Nacional de Resíduos Sólidos – PNRS (BRASIL, 2010).

Por meio do modelo desenvolvido e com base no problema, Araújo (2013, p. 3) definiu duas questões de pesquisa: a) "A hierarquia de gestão de resíduos sólidos recomendada deve ser sempre seguida?"; b) "Qual a melhor alternativa de tratamento do resíduo de computador desktop?".

Conforme observa Araújo (2013, p. 139), o objetivo do modelo proposto foi possibilitar a determinação do melhor cenário para a gestão dos REEE em geral, e que servisse de suporte à avaliação de alternativas de gestão de resíduos, indicando e analisando os impactos associados, além de contribuir para a tomada de decisão sobre o sistema de gestão, com base nos valores associados às categorias de impactos.

Com base na literatura, Araújo (2013) propôs um modelo no formato de um cone. A seguir há uma descrição dos elementos da avaliação do ciclo de vida referentes aos REEE, com o escopo do estudo, categorias de danos ao ecossistema, à saúde humana e aos recursos, além de uma definição dos detalhes dos cenários, inventário do ciclo de vida e todos os processos envolvidos no estudo, como: desmontagem e remanufatura, disposição dos REEE em aterro sanitário, trituração dos resíduos, reciclagem de alumínio, cobre, ferro e aço, tratamento das placas e demais componentes dos computadores, etc.

Na fase de avaliação dos impactos do ciclo de vida (AICV), foram usadas as metodologias EcoIndicador 99 e ReCiPe.

De acordo com Araújo (2013, p. 182), "a decisão a ser tomada no estudo fica explícita a partir dos valores normalizados dos impactos ambientais dos cenários base e alternativo", em que o cenário alternativo "apresenta uma redução de 27,1% dos impactos ambientais". O cenário base, cuja proposta é dispor os resíduos de desktop em aterro sanitários, demonstra ser uma opção tecnológica "menos interessante, não devido aos impactos ambientais dos resíduos após serem dispostos no aterro", mas porque "o cenário alternativo permite a recuperação de matéria e energia contidas no produto desktop".

Com esta colocação, a questão sobre "qual é a melhor alternativa de tratamento do resíduo de computador desktop?" está respondida, ou seja, o cenário alternativo demostrou ser o melhor.

Nas considerações finais, Araújo (2013, p. 188) afirma não haver dúvida em relação às decisões a serem tomadas na gestão dos resíduos de desktop", ressaltando que o modelo proposto "permite avaliar nas diferentes etapas da hierarquia de gestão de resíduos as possibilidades existentes para a minimização dos impactos, a partir de cada componente desmontado do produto [computador desktop]".

Araújo (2013, p. 188) considera "que o modelo atende ao objetivo para o qual foi proposto, permitindo avaliar o resíduo eletroeletrônico, suas partes e componentes separadamente para os cenários estabelecidos".

Em seguida passa a responder a questão central da pesquisa, foco do seu estudo de caso: "A hierarquia de gestão do resíduos sólidos recomendada pela PNRS deve ser sempre seguida?" e afirma que o modelo "esclarece que pode ocorrer a migração de um problema para outro, diminuindo-se uma categoria de impacto ambiental", porém "aumentando outra categoria de impacto". E conclui que o uso da ferramenta ACV pode esclarecer e evitar incorreções em relação à escolha das melhores alternativas para a minimização de impactos".

Araújo (2013, p. 189-190) conclui ser relevante a "redução de impactos com a manufatura dos desktops" e que "a vida útil de um produto não é um critério predefinido na pesquisa e desenvolvimento do produto pelo fabricante, mas sim uma decisão" decorrente do comportamento do consumidor "e que precisa ser mudado ... em busca da otimização da vida útil do produto".

Glossário

Neste capítulo são apresentadas definições, siglas e termos técnicos direta ou indiretamente relacionados à Avaliação do Ciclo de Vida e à Gestão Ambiental, com o objetivo de centralizar, em um local apropriado, os principais conceitos sobre estes temas.

- **Abordagem Sistêmica** – Uma das maneiras de se compreender os sistemas naturais [ou os sistemas de produto]. Esta abordagem pode servir "como meio de previsão das mudanças, de avaliação de sensibilidade dos sistemas naturais e de determinação dos pontos de interferência e dos limiares de sistema que poderão ser modificados através dos impactos ambientais" (ALMEIDA, 2001, p. 21). Ver também Sistema.

- **Agrupamento** – Um dos quatro elementos opcionais da AICV. Refere-se à agregação e possível hierarquização das categorias de impacto. Os outros três elementos são normalização, ponderação e análise da qualidade dos dados.

- **Alocação** – Repartição dos fluxos de entrada ou saída de um processo ou sistema de produto entre o sistema de produto em estudo e outro(s) sistema(s) de produto (ABNT NBR ISO 14040:2009, 2009).

- **Análise de Inventário** – Segunda fase de Avaliação do Ciclo de Vida. Inclui a compilação e quantificação das entradas e saídas de um produto durante o seu ciclo de vida. Esta é uma das fases mais importantes dos estudos de ACV uma vez que nela que são geradas ou atualizadas das bases de dados de inventário. A Análise do Inventário de Ciclo de Vida (AICV) ou Life Cycle Inventory Analysis (LCI), inclui, por exemplo: a) a coleta de dados; b) os procedimentos de cálculo dos dados visando a elaboração do relatório (inventário); e c) a realização de um balanço de massa e energia do sistema, por meio da definição dos fluxos de entrada e saída dos materiais (recursos) e energia.

- **Análise de Incerteza** – Refere-se a um "Procedimento sistemático para quantificar a incerteza introduzida nos resultados de uma análise de inventário do ciclo de vida pelos efeitos cumulativos da impressão dos modelos, incerteza das entradas e variabilidade dos dados. Tanto as distribuições de probabilidade quanto faixas de probabilidade são utilizadas para determinar a incerteza dos resultados" (ABNT NBR ISO 14040:2009, 2009, p.5). Ver análise de sensibilidade.

- **Análise da Qualidade dos Dados** – Um dos quatro elementos opcionais da AICV. Diz respeito ao melhor entendimento da confiabilidade da coleção de resultados de indicadores, o perfil da AICV. Os outros três elementos opcionais da AIVC são: normalização, agrupamento e ponderação.

- **Análise de Sensibilidade** – A incerteza pode ser eliminada ou reduzida por meio de análises de sensibilidade dos parâmetros atribuídos ao sistema em estudo e da construção de cenários alternativos, nos quais é possível estimar valores diferentes para os parâmetros do sistema, e assim calcular os possíveis impactos ao meio ambiente de acordo com os cenários alternativos.

- **Avaliação do Ciclo de Vida** – Compilação e avaliação das entradas, saídas e potenciais impactos ambientais de um sistema de produção ao longo do seu ciclo de vida (ABNT NBR ISO 14040:2009, 2009). A ACV é uma metodologia de estudo que leva em consideração todas as etapas de produção de uma empresa, permitindo estimar o impacto ambiental de cada etapa, ou cumulativo de todas as etapas do processo produtivo, desde a extração ou retirada das matérias-primas do meio ambiente até o consumo final do produto.

- **Avaliação do Impacto do Ciclo de Vida (AICV)** – Terceira fase da ACV. Tem como entrada os dados do inventário, obtidos na fase anterior. Portanto, para que a AICV seja bem-sucedida, é preciso que na fase 2, justamente a Análise de Inventário, se produza um conjunto de alternativas possíveis de modo que se tenha a opção de escolha da alternativa mais favorável. Para tal, é necessário que sejam quantificadas as mudanças referentes às propriedades do ambiente estudado e impactado que, na maioria dos casos, requer a atribuição de prioridade para facilitar a tomada de decisão. É necessário também que as influências ambientais resultantes de atividades relevantes sobre propriedades ambientais específicas sejam quantificadas.

- **Balanço de Massa** – Balanço de massa, também conhecido como balanço dos materiais, refere-se à contabilização de tudo o que entra e sai de um sistema em estudo (entradas e saídas e seus fluxos). A contabilização das entradas, saídas e seus fluxos desconhecidos ou de difícil mensuração, por esta técnica, torna-se viável. Esta técnica está relacionada à conhecida Lei de Conservação de Massa, isto é, a matéria não pode desaparecer ou ser criada espontaneamente. A seguinte fórmula pode ser usada no cálculo do balanço de massa: Entradas - Saída + Geração - Consumo = Acumulação. A contabilidade pode ser feita de três maneiras: a) pelo balanço de massa; b) pelo inventário de energia; e c) pela contabilidade das emissões.

- **Base de Dados** – Os estudos de ACV são feitos usando uma ou mais bases de dados, que podem ser nativas do software utilizado, ou específicas, geralmente de um ou mais fornecedores diferentes. Em geral, quando não são nativas, precisam passar por um processo de conversão de formato. As bases de dados de ACV contém informações e dados sobre inventário do ciclo de vida e são geradas ou atualizadas durante a realização dos estudos exploratórios sobre a ACV, sendo, principalmente, na fase de **Inventário de Ciclo de Vida (ICV)** que são recolhidos os dados, os sistemas são modelados, e os resultados da ACV são obtidos e armazenados em suas respectivas bases. De um modo em geral, as bases contêm: a) materiais provenientes de fontes renováveis e não renováveis (papéis, papelão, vidros, cerâmicas, metais, etc.); b) elementos oriundos das várias fontes de energia, como elétrica, eólica, biomassa, térmica, etc.; c) combustíveis, como gasolina, etanol, diesel, etc.; d) atividades resultantes dos vários tipos de modais de transporte, como rodoviário, ferroviário, fluvial, aéreo, etc.; e e) metodologias de avaliação de impacto ambiental e respectivos métodos de cálculo para o processamento dos dados obtidos pelas instituições. Existe uma boa variedade de base de dados no mercado como: EDIP, Ecoinvent, U.S. Life Cycle Inventory Database, etc. Ver também datasets e softwares.

- **Caracterização** – Um dos três elementos obrigatórios da ICV. Diz respeito ao cálculo dos resultados dos indicadores de categorias, podendo serem feitas modelagem de impactos do ICV das categorias de impacto utilizando fatores de conversão com base científica (por exemplo, modelagem do impacto potencial do dióxido de carbono e metano no aquecimento global). Ver também elemento da avaliação do impacto do ciclo de vida.

- **Categoria de Impacto** – Categorias de impacto são agrupamentos lógicos de resultados da Avaliação do Ciclo de Vida de interesse para as partes interessadas e tomadores de decisão (UNEP / SETAC, 2011). A base de dados do Laboratório Nacional de Energia Renovável (NREL - National Renewable Energy Laboratory), tem 24 categorias de impacto registradas, como: indústria agrícola, equipamentos da indústria eletroeletrônica, componentes da indústria de metal, silvicultura e exploração florestal, etc.

- **Classificação** – Um dos três elementos obrigatórios da ICV. Correlaciona os resultados de ICV às categorias de impacto selecionadas – atribuindo os resultados do Inventário do Ciclo de Vida às categorias de impacto (por exemplo, classificação das emissões de dióxido de carbono para o aquecimento global). Ver também elemento da avaliação do impacto do ciclo de vida.

- **Critérios sobre limites do sistema** – O estabelecimento dos critérios de avaliação na definição dos limites do sistema é uma questão de coerência com o objetivo e escopo da ACV. Na definição desses critérios, alguns fatores devem ser levando em consideração, tais como: a) os impactos globais – aquecimento e destruição da camada de ozônio; b) impactos regionais – toxidade humana, formação da poluição, eutrofização territorial e aquática e acidificação; e c) impactos locais – odor, esgotamento dos recursos hídricos subterrâneos, uso da terra, acúmulo da toxidade.

- **Dataset** – Termo muito utilizado pelos profissionais de sistemas, significando um conjunto de dados, ou um arquivo de dados, geralmente em meio magnético ou digital. No caso da ACV, diz respeito a um arquivo, podendo também ser um documento, com informações sobre o ciclo de vida de um produto, processo ou serviço específico ou outra referência que contenha descrições e inventário de ciclo de vida com informação quantitativa ou dados de avaliação de impacto do ciclo de vida. Dataset pode ser também entendido como parte de uma base de dados. Ver também bases de dados.

- **Definição de Objetivo e Escopo** – Primeira fase de um estudo de ACV. Diz respeito à abrangência, ao alcance e à extensão do estudo. As principais questões, comuns da comunidade de ACV, e que devem procurar ser respondidas logo no início de um estudo de ACV, são: a) qual a função ou unidade funcional a ser considerada no estudo? b) quais os limites do sistema e intercâmbios entre fronteiras; c) qual o critério de avaliação a ser aplicado?; e d) qual a escala de tempo do estudo?

- **Divulgação Pública de Informações Comparativas** – Requisito necessário visando dar transparência sobre o estudo de ACV. A ABNT NBR ISO 14040:2009 (2009) define a necessidade de se divulgar os resultados comparativos sobre a AICV, especialmente quando os resultados são de interesse público. Sobre isso, a ISO 14040 descreve o seguinte: há necessidade de se usar um conjunto suficientemente abrangente de indicadores de categoria, devendo as comparações serem feitas por categorias. A ISO recomenda também que os indicadores devem ser ambientalmente relevantes e válidos científica e tecnicamente.

- **Ecodesign** – Disciplina voltada para o empreendimento de ações visando a redução das pegadas ecológicas nos processos ou atividades, tendo em vista: a) facilitar a desmontagem; b) melhorar a longevidade (aumentando o tempo de vida útil dos produtos, serviços ou processos); e c) desmaterializar os produtos.

- **Economia Verde** – Proposta lançada pelo Programa de Meio Ambiente das Nações Unidas (PNUMA – United Nations Environment Programme / UNEP) durante a crise financeira do segundo semestre de 2008, buscando criar um novo paradigma para a retomada do crescimento da economia mundial (VEIGA e ISSBERNER, 2012). De acordo o PNUMA, a economia verde "resulta na melhoria do bem-estar humano e da igualdade social, ao mesmo tempo em que reduz significativamente os riscos ambientais e as limitações ecológicas"; em síntese, uma economia de baixo-carbono, eficiente no uso de recursos naturais e socialmente inclusiva (UNEP/SETAC, 2012, p. 16).

- **Elementos da Avaliação do Impacto do Ciclo de Vida (AICV)** – A AICV pode incluir elementos obrigatórios e opcionais (ABNT NBR ISO 14040:2009, 2009). Ao todo, são 7 elementos, também chamados de passos, três obrigatórios e 4 opcionais. Os elementos obrigatórios são: seleção e definição das categorias de impacto, indicadores de categorias e modelos de caracterização, classificação e categorização. Os opcionais são: normalização, agrupamento, ponderação e análise da qualidade dos dados.

- **Emissões Pré-combustão** – As emissões da pré-combustão ("well-to-pump" ou "well-a-tank") são as emissões associadas à extração, processamento e transporte de combustíveis (por exemplo, carvão, diesel e gás natural) antes do uso destes materiais.

- **Fases da Avaliação do Ciclo de Vida** – São quatro fases distintas: 1) Definição de Objetivo e Escopo; 2) Análise de Inventário; 3) Avaliação de Impacto; e 4) Interpretação. Estas fases têm implicações diretas no desenvolvimento e melhoria de produto, no planejamento estratégico, na elaboração de políticas públicas, no marketing, etc.

- **Função** – Serviço provido pelo sistema objeto de estudo da ACV (exemplo: tratamento de RSU, geração de eletricidade, produção de combustível). Um sistema pode ter várias funções possíveis e aquela(s) selecionada(s) para um estudo depende(m) do objetivo e escopo da ACV (ABNT NBR ISO 14040:2009, 2009).

- **Incerteza** – Trata-se de um termo genérico e impreciso que se refere à falta de certeza e precisão dos dados em metodologia escolhidos para levar adiante o estudo sobre ACV, como o uso de métodos duvidosos, dados incompletos, falta de transparência, fontes de informações não confiáveis. A incerteza, nesse caso, se refere à "definição quantitativa", que leva em consideração a dispersão dos valores razoavelmente atribuídos a um parâmetro de avaliação. A incerteza pode ser eliminada ou reduzida por meio de análises de sensibilidade dos parâmetros atribuídos ao sistema em estudo e da construção de cenários alternativos, nos quais é possível estimar valores diferentes para os parâmetros do sistema, e assim calcular os possíveis impactos ao meio ambiente. Ver também Análise de Incerteza e Análise de Sensibilidade.

- **Normas Ambientais Voltadas para ACV** – A ACV é parte integrante e primordial para a Gestão Ambiental e estão intimamente ligadas, uma complementando a outra, embora nos estudos técnicos específicos sobre ACV nem sempre todas as normas da família ISO 14000 sejam usadas. Das mais de 30 normas sobre Gestão Ambiental disponíveis na versão brasileira da ABNT, duas delas estão diretamente relacionadas à Avaliação do Ciclo de Vida: ABNT NBR ISO 14040:2009 – Gestão ambiental - Avaliação do ciclo de vida - Princípios e estrutura; ABNT NBR ISO 14044:2009 – Gestão ambiental - Avaliação do ciclo de vida - Requisitos e orientações. As normas da Série ISO 14000, juntas, podem proporcionar benefícios econômicos tangíveis significativos, incluindo: ABNT NBR ISO 14040:2009 (2009), ABNT NBR ISO 14044:2009 (2009) e ABNT NBR ISO 14001:2015 (2015); a realização de estudos de ACV visando a redução dos impactos ambientais; a redução do uso de matérias-primas e de recursos; a redução do consumo de energia; a melhoria da eficiência do processo; a geração dos custos de geração e a disposição final dos resíduos; e a utilização de recursos recuperáveis.

- **Interpretação dos Resultados da ACV** – Quarta e última fase do processo de avaliação do ciclo de vida. A Interpretação dos Resultados da ACV é uma técnica sistemática que visa identificar, quantificar, verificar e avaliar informações a partir dos resultados do Inventário do Ciclo de Vida e da Análise do Inventário do Ciclo de Vida e comunicá-las eficazmente ao público interessado. De acordo com a ISO NBR 14040:2009 (2009), a interpretação do ciclo de vida tem as seguintes finalidades: a) analisar resultados, fazer conclusões, explicar limitações, prover recomendações baseadas nos resultados das fases anteriores da ACV; e b) fornecer uma apresentação compreensível, completa e coerente dos resultados do estudo de ACV, de acordo com o seu objetivo e escopo.

- **Limites do Sistema** – Os limites de um sistema dizem respeito à delimitação das suas fronteiras, incluindo apenas o que é relevante ao estudo e definindo as partes e processos pertencentes ao ciclo de vida do produto, processo ou serviço que deverão ser analisados, por exemplo, o que é requerido para a definição da função e unidade funcional. Na definição dos limites do sistema deverão ser considerados vários aspectos, tais como: materiais e componentes; a natureza infinita do sistema de produção / limites de corte e a capacidade inicial e de expansão do sistema. Na definição dos limites do sistema costuma-se considerar as seguintes descrições: a) Do Portão ao Portão (Gate to Gate); b) Do Berço ao Portão (Cradle to Gate); e c) Do Berço ao Túmulo (Cradle to Grave).

- **Normalização** – Um dos quatro elementos opcionais da (AICV). Trata-se do cálculo da magnitude dos resultados dos indicadores de categoria com relação a informações de referência (expressão do impacto potencial relativo a uma situação de referência). Os outros três elementos opcionais da AICV são agrupamento, ponderação e análise da qualidade dos dados.

- **Pensamento Orientado ao Ciclo de Vida (POCV)** – O POCV vem de uma discussão, principalmente qualitativa, para identificar as fases do ciclo de vida e / ou os potenciais impactos ambientais de maior importância, para uso em um resumo do projeto ou em uma discussão introdutória de medidas políticas. O POCV é uma abordagem científica que visa estimular políticas ambientais modernas e apoia decisões de negócios relacionados ao Consumo e Produção Sustentáveis (CPS). A necessidade fundamental para a utilização da metodologia ACV é a disponibilidade de dados consistentes, com garantia de qualidade, independentemente revistos e que são feitas para se ajustar à finalidade dos estudos sobre ACV (UNEP/SETAC, 2011). Os principais objetivos deste pensamento são reduzir o uso de recursos, materiais, produtos e emissões para o ambiente, bem como melhorar o seu desempenho socioeconômico por meio de seu ciclo de vida. A maior vantagem do POCV é que ele foca o ciclo de vida do produto ou sistema como um todo. Assim, o POCV seria um complemento muito importante do pensamento sistêmico. Adotar o POCV significa ir além do tradicional foco nos processos de instalação, produção e fabricação, incluindo os impactos ambientais, sociais e econômicos de um produto e processo ao longo de todo seu ciclo de vida.

- **Ponderação** – Um dos quatro elementos do AICV. Os outros três elementos da AICV são: normalização, agrupamento e análise da qualidade dos dados. Refere-se à conversão e possível agregação dos resultados de indicadores entre as diferentes categorias de impacto utilizando fatores numéricos baseados em escolhas de valores, mantendo disponíveis os dados anteriores à ponderação (classificação, agrupamento ou atribuição de pesos para diferentes potenciais de impacto).

- **Questões Temporais** – Horizonte de tempo a ser considerado nos estudos de ACV. A ACV não diferencia os impactos no momento em que eles ocorrem, uma vez que em alguns casos o impacto leva décadas ou centena de anos para acontecer, como é o caso de alguns resíduos. Por isso, nos estudos de ACV deve ser estimado um horizonte de tempo, geralmente de 100 anos.

- **Resultados da Análise de Inventário** – O principal produto da fase de Análise de Inventário é a geração de um relatório o mais detalhadamente possível, no qual costuma-se quantificar o fluxo de/para o ambiente (das entradas e saídas de insumos) de cada sistema estudado. Deve-se quantificar, por exemplo, o seguinte: a) matéria-prima, incluindo água; b) uso de energia; c) resíduos sólidos; d) emissões atmosféricas; e e) emissões de água.

- **Resultado Final da ACV** – É o principal produto esperado do estudo de avaliação do ciclo de vida completo. O relatório final exerce importância capital sobre as seguintes ações: desenvolvimento e aperfeiçoamento do produto, serviço e processo; planejamento estratégico do produto, serviço e processo; elaboração de diversas políticas públicas, especialmente voltadas para a sustentabilidade; elaboração de normas diversas, como: normas técnicas, de melhoria da qualidade de produtos, serviços e processos, indicadores de desempenho, padrões e regulamentações; desenvolvimento de marketing; etc.

- **Revisão e Análise Crítica do Estudo de ACV** – A revisão crítica dos resultados da ACV é recomendada e deve ser feita por uma parte independente, sendo esta uma prática comumente utilizada em procedimentos semelhantes, como em auditorias do sistema da qualidade, auditorias contábil e financeira, etc. Neste caso, serve para apoiar, endossar e dar ao estudo de ACV a credibilidade e transparência necessárias. O objetivo da revisão e análise crítica é reduzir a probabilidade de mal entendimentos, interpretações erradas, ou efeitos negativos sobre o estudo realizado em relação às partes externas interessadas. Em geral dois tipos de análises críticas são necessárias: uma interna, podendo ser feita, em primeira instância pelos próprios envolvidos no estudo de ACV, e outra externa, devendo esta ser feita por uma 3ª parte ou parte independente. Uma análise complementa a outra.

- **Seleção e definição das categorias de impacto, indicadores de categorias e modelos de caracterização** – Um dos três elementos da avaliação do impacto do ciclo de vida. Refere-se à identificação das categorias de impactos relevantes, por exemplo, acidificação, toxidade terrestre, aquecimento global. Ver também Caracterização e Classificação.

- **Sistema** – Tradicionalmente, sistema pode ser definido como um conjunto de partes que se interagem para o alcance de um fim comum. Em se tratando de ACV, normalmente sistema se refere a uma unidade produtiva, ou sistema de produto. Ver também Abordagem Sistêmica.

- **Software de ACV** – Os estudos de ACV são feitos usando bases de dados e softwares. Há uma boa oferta de software de ACV disponíveis no mercado, como: EASETECH, Umberto, SimaPro, etc. Ver também Bases de dados.

- **Unidade Funcional** – Refere-se aos meios de quantificação do serviço a ser feita na ACV (exemplo: 1 ton de RSU gerada, 1 ton de RSU recebida, 1 MWh de eletricidade gerada, 1 m^3 de GNV produzido). Colocado de outro modo, a unidade funcional é uma referência quantitativa à qual todos os fluxos de entradas e saídas na ACV estão relacionados.

Referências

ABNT. **Associação Brasileira de Normas Técnicas**, 2016a. Disponível em <http://www.abnt.org.br/abnt/conheca-a-abnt>. Acesso em 23 de Jul., 2016.

ABNT. **Comitês Técnicos**, 2016b. Disponível em: <http://www.abnt.org.br/normalizacao/comites-tecnicos>. Acesso em 23 de Jul., 2016b.

ABNT NBR ISO 14001:2015. **Sistemas de gestão ambiental – Requisitos com orientações para uso**. Rio de Janeiro: ABNT, 2015.

ABNT NBR ISO 14040:2009. **Gestão ambiental – Avaliação do ciclo de vida — Princípios e estrutura**. Rio de Janeiro: ABNT, 2009.

ABNT NBR ISO 14044:2009. **Gestão ambiental – Avaliação do ciclo de vida — Requisitos e orientações**. Rio de Janeiro: ABNT, 2009.

ABNT NBR ISO 16759:2014. **Tecnologia gráfica – Quantificação e comunicação para o cálculo da pegada de carbono de produtos impressos**. Rio de Janeiro: ABNT, 2014.

ACAROGLU, Leila. **LCA 6 minute crash course Life cycle thinking and sustainability in design.** Disponível em: <https://www.youtube.com/watch?v=D55PVhdMA8o>. Acesso em 19 de Mar., 2016.

ALMEIDA, Josimar Ribeiro de. Conceitos de Ecologia Aplicada. In MAGRINI, Alessandra e SANTOS, Marco Aurélio dos (Editores). **Gestão Ambiental de Bacias Hidrográficas**. Rio de Janeiro: UFRJ; COPPE; Instituto Virtual Internacional de Mudanças Globais, 2001.

ANDRADE, Eduardo Augusto Tardelli de. **Avaliação do ciclo de vida na gestão de resíduos sólidos: Um estudo de caso da coleta seletiva do Centro de Tecnologia da Universidade Federal do Rio de Janeiro**. Rio de Janeiro: UFRJ, 2014, 171 p. Dissertação (Mestrado) – Programa de Pós-Graduação em Engenharia de Produção, Universidade Federal do Rio de Janeiro. Rio de Janeiro: UFRJ/COPPE, 2014.

ARAÚJO, M.G; MAGRINI, A.; MAHLER, C.F.; BILITEWSKI, B. A model for estimation of potential generation of waste eletrical and eletronic equipamento in Brazil. **Waste Management**, 32(2), 335-342, 2012.

ARAÚJO, M.G. **Modelo de Avaliação do Ciclo de Vida para a Gestão de Resíduos de Equipamentos Eletroeletrônicos no Brasil**. Rio de Janeiro: UFRJ, 2014, 217 p. Tese (Doutorado) – Programa de Pós-Graduação em Planejamento Energético. Universidade Federal do Rio de Janeiro. Rio de Janeiro: UFRJ/COPPE, 2013.

ASSEFA, G.; BJÖRKLUND A.; ERIKSSON O; FROSTELL B. ORWARE: an aid to environmental technology chain assessment. **Journal of Cleaner Production**, 13, 265–274, 2005.

AUSLCI. **The Australian Life Cycle Iniciative (Database)**, 2012. Disponível em: <ttp://www.alcas.asn.au/sites/default/files/publications/AusLCI%20brochure%20-%202012.pdf>. Acesso em: 11, Nov., 2015.

BAUMANN, H.; TILMAN, A. M. **The Hitch Hiker's Guide to LCA**. Orientation in Life Cycle Assessment Methodology and Application. Sweden. Lund: Studentlitteratur AB, 2004.

BOER, J.D.; BOER E. D.; JAGER J. LCA-IWM: a decision support tool for sustainability assessment of waste management systems. **Waste Management**, 27, 1032-1045, 2007.

BRASIL. **Lei n. 12.305, de 2 de agosto de 2010**. Política nacional de resíduos sólidos [recurso eletrônico]. – 2. ed. – Brasília: Câmara dos Deputados, Edições Câmara, 2012. Disponível em: <http://fld.com.br/catadores/pdf/politica_residuos_solidos.pdf>. Acesso em: 6, Set., 2016.

BUILDING ECOLOGY. **Life Cycle Assessment Software, Tools and Databases**. Disponível em: <http://www.buildingecology.com/sustainability/life-cycle-assessment/life-cycle-assessment-software>. Acesso em: 13, Jul., 2016.

CHEHEBE, J. R. **Análise de Ciclo de Vida de Produto**: ferramenta gerencial da ISO 14000. Rio de Janeiro: Qualitymark, 1998.

CURRAN, M., A. **Life Cycle Assessment: Principles and Practice.** National Research Management Laboratory, Ohio, United States Environmental Protection Agency, 2006.

DEMING, W.E. **Qualidade: a revolução da Administração**. Rio de Janeiro: Marques-Saraiva, 1999.

ELCD. **European Reference Life-cycle Database**, 2015 Disponível em: <http://eplca.jrc.ec.europa.eu/ELCD3/index.xhtml?stock=default>. Acesso em: 11, Nov., 2015.

ECOINVENT. **Ecoinvest database**. Disponível em: <http://www.ecoinvent.org/database/database.html>. Acesso em: 11, Nov., 2015.

EPA. **Life Cycle Assessment: principles and practice** (2006). Disponível em: < http://www.cs.ucsb.edu/~chong/290N-W10/EPAonLCA2006.pdf>. Acesso em: 15, Jul., 2016.

EPA. **EPA LCAcces. Global Directory of LCI Research: Methods, Models, Tools, and Databases**, 2016. Disponível em: <https://www.epa.gov/research/methods--models-tools-and-databases>. Acesso em: 13, Jul., 2016.

ERIKSSON, O.; FROSTELL B.; BJÖRKLUND A.; ASSEFA G.; SUNDQVIST J.O.; GRANATH, J.; CARLSSON, M.; BAKY, A.; THYSELIUS L. ORWARE – a simulation tool for waste management. **Resources, Conservation and Recycling**, 36, 287-307, 2002.

EC/ILCD HANDBOOK. European Commission - Joint Research Centre - Institute for Environment and Sustainability: **International Reference Life Cycle Data System (ILCD) Handbook – General guide for Life Cycle Assessment - Detailed guidance**. First edition March 2010. EUR 24708 EN. Luxembourg. Publications Office of the European Union; 2010a.

EC/ILCD HANDBOOK. European Commission - Joint Research Centre - Institute for Environment and Sustainability: **International Reference Life Cycle Data System (ILCD) Handbook – Analysis of Existing Environmental Impact Assessment methodologies for use in Life Cycle Assessment**. First edition March 2010. EUR 24708 EN. Luxembourg. Publications Office of the European Union; 201b.

FRISCHKNECHT, R.; REBITZER, G. The Ecoinvent data system – A comprehensive web-based LCA database. **Journal of Cleaner Production**, 13, 137-143, 2005.

GOEDKOOP, M.; OELE, M. **Introduction into LCA methodology and practice with SimaPro 5**. Amersfoort: Pre Consultants, 2001.

GOMES F.; BRIÈRE R.; FERAILE A.; HABER G.; LASVAUX S.; TESSIER, C. Adaptation of environmental data to national and sectorial context: application for reinforcing steel sold on the French market. **International Journal Life Cycle Assessment**, 18, 926-938, 2013. DOI 10.1007/s11367-013-0558-4.

IBCT. **O Banco Nacional de Inventários de Ciclo de Vida (SICV Brasil)**, 2016. Disponível em: <http://acv.ibict.br/banco-nacional/estrutura-do-sicv/>. Acesso em: 15 Dez., 2016.

IMAGENS ACIDIFICAÇÃO (2016). Disponíveis em: <https://br.images.search.yahoo.com/>. Acesso em: 15, Dez., 2016.

IMAGENS EUTROFIZAÇÃO (2016). Disponível em: <https://br.images.search.yahoo.com/>. Acesso em: 15, Dez., 2016.

IMAGENS POLUIÇÃO ATMOSFÉRICA (2016). Disponível em: <https://br.images.search.yahoo.com/>. Acesso em: 15, Dez., 2016.

IMAGENS AQUECIMENTO GLOBAL (2016). Disponível em: <https://br.images.search.yahoo.com/>. Acesso em: 15, Dez., 2016.

IMAGENS DEPRESSÃO DA CAMADA DE OZÔNIO (2016). Disponível em. <https://br.images.search.yahoo.com/>. Acesso em: 15, Dez., 2016.

ISO 14000. **Environmental management - The ISO 14000 family of International Standards 2009.** Disponível em: <http://www.iso.org/iso/theiso14000family_2009.pdf>. Acesso em 23 de Jul., 2016.

ISO. **International Standardization Organization**, 2016. Disponível: <http://www.iso.org/iso/home/about.htm>. Acesso em 23 de Jul., 2016.

ISO/TS 14048:2002. **Environmental Management – Life Cycle Assessment – Data documentation format no. Technical Specification**. Geneva: ISO, 2002.

KUTA, C.C., KOCH, D.G.; HILDEBRANDT, C.C.; JANZEN, D.C. Improvement of products and packaging through the use of life cycle analysis. **Resources, Conservation and Recycling**, 14, 185-198, 1995.

LAMB, C. II Congresso Brasileiro em Gestão do Ciclo de Vida de Produtos e Serviços: Colaborando com Decisões Sustentáveis. Anais... **ACV Projeto Brasileiro Inventário do Ciclo de Vida para Competitividade Ambiental da Indústria Brasileira** (SICV Brasil). 2010.

LCAJ. **Life Cycle Assessment in Japan: an inventory**. Disponível em: <http://www.gdrc.org/uem/lca/lca-japan.html>. Acesso em: 14 de Jul., 2016.

LEVIS, Jim; BARLA, Jim; DANGAARD, Anders. **Introduction to Life-Cycle Assessment**, 2014. [Apresentação]. NC University. Disponível em: <http://www4.ncsu.edu/~jwlevis/Presentations/Intro_to_LCA.pdf>. Acesso em: 13, Dez., 2015.

LIFE CYCLE INITIATIVE. **Life Cycle Thinking (2015)**. Disponível em: <http://www.lifecycleinitiative.org/starting-life-cycle-thinking/>. Acesso: 30, Out., 2015.

McDOUGALL, F.R.; WHITE, P.R.; FRANKE, M.; HINDLE, P. **Integrated Solid Waste Management: a Life Cycle Inventor**y. United Kingdom: Blackwell Science, Ltd., Osney Mead, Oxford OX2 0EL, 2001. ISBN: 0–632–05889–7

MiLCA. **Japan Environmental Management Association for Industry** (JEMAI) database), 2012. Disponível em: <http://www.milca-milca.net/english/index.php>. Acesso em: 11, Nov., 2015.

MOTTA, Wladmir Henriques. Análise do Ciclo de Vida: os programas brasileiros. In: Congresso Nacional de Excelência em Gestão, 2015. Niterói. **Anais Eletrônicos**... UFF: Niterói, 2015. Disponível em: <http://www.inovarse.org/sites/default/files/T14_0089.pdf>. Acesso em: 6 Dez. 2016.

PROBAS. **Umweltbundesamt – UBA**, 2015 (German Environmental Protection Agency). ProBAS Database. Disponível em: <http://www.probas.umweltbundesamt.de/php/index.php>. Acesso em: 11, Nov., 2015.

QUANTIS (2002). **IMPACT 2002**. Disponível em: <http://www.quantis-intl.com/en/impact-2002>. Acesso em: 7, Dez., 2016.

RAHMAN, T.S.; CUDDY, S.M.; WATSON, F.G.R. Tarsier and ICMS: two approaches to framework development. **Mathematics and Computers in Simulation**, 64 (3–4), 339-350, 2004.

SÁNCHEZ, Luís Enrique. **Desengenharia**. O passivo ambiental na desativação de empreendimentos industriais. São Paulo: Edusp/Fapesp, 2001.

SANTOS, Maria Fernanda Nóbrega; BASTTISTELLE, Rosane Aparecida; YOSHIKO, Clara; JULIOT, Plínio Silvio. Importância da avaliação do ciclo de vida na análise de produtos: possíveis aplicações na construção civil. GEPROS. **Gestão da Produção, Operações e Sistemas**, Ano 6, nº 2, Abr-Jun/2011, p. 57-73.

SAUER, Beverly.; CASHMAN, Sarah.; GANDY, Simon. AEA TECHNOLOGY: **Life-cycle assessment – A fundamental tool for assessing environmental performance**. Disponível em: <https://www.youtube.com/watch?v=iZ5ofm-U4Vo>. Acesso em: 2, Set., 2016.

SETAC. **Society of Environmental Toxicology and Chemistry**. Disponível em: <https://www.setac.org/>. Acesso em: 8, Jul., 2016.

SHEWHART, Walter A. **Statistical Method from the Viewpoint of Quality Control**. Washington DC: The Graduate School of the Department of Agriculture, 1939.

SPOLD. **The SPOLD format for life-cycle inventory data**. Disponível em: <http://lca-net.com/spold/FAQ.html>. Acesso em: 11, Jul., 2016.

TIVANDER, J. **Mapping of CPM LCA database SPINE format to ILCD data format**. Chalmers University of Technology, Göteborg, Sweden, 2013. Disponível em: <http://lifecyclecenter.se/wordpressnew/wp-content/uploads/2013_1.pdf>. Acesso em: 11, Nov., 2015.

UNEP/SETAC. **Global Guidance Principles for life cycle assessment databases** (2011). Disponível em: <http://www.unep.org/pdf/Global-Guidance-Principles--for-LCA.pdf>. Acesso em: 11, Jul., 2016.

UNEP/SETAC. **Greening the Economy Through Life Cycle Thinking – Ten Years of the UNEP/SETAC Life Cycle Initiative** (2012). Disponível em: <Greening the Economy Through Life Cycle Thinking – Ten Years of the UNEP/SETAC Life Cycle Initiative>. Acesso em: 21, Mar., 2016.

U.S LIFE CYCLE INVENTORY DATABASE. **National Renewable Energy Laboratory**, 2012. Disponível em: <https://www.lcacommons.gov/nrel/search> Accesso em: 13, Nov., 2016.

VEIGA, J.E.; ISSBERNER, L.R. Decrescer Crescendo: *In*: LENA, P. e NASCIMENTO, E.P. **Enfrentando os Limites do Crescimento: sustentabilidade, decrescimento e prosperidade**. Rio de Janeiro: Ed. Garamond, 2012.

VIEGAS, Márcio. **ISO 14040 – A série ISO 14040 chega à Análise de Ciclo de Vida**. Departamento de Engenharia Hidráulica e Sanitária da Escola Politécnica. São Paulo: USP, s/d.

WATSON, F.G.R; RAHMAN J.M. Tarsier: a practical software framework model development, testing an development. **Environment Modelling and Software**, 19, 245-260, 2004.

WEGMANN, F.; CAVIN L.; MacLEOD, M.; SCHERINGER, M.; HUNGERBÜLER, K. The OECD software tool for screening chemicals for persistence and long-range transport potential. **Enviromnental Modelling & Software**, 24, 228-237, 2009.

WEIDEMA B.P.; BAUER C.; HISCHIER R., MUTEL, C. N.E; MECEK T.; REINHARD J.; VADENBO C.O.; WERNET G. Overview and Methodology – Data quality guideline for the ecoinvent database version 3. **Ecoinvent report,** n. 1(v3): St. Gallen, 2013. Disponível em: <http://www.ecoinvent.org/files/dataqualityguideline_ecoinvent_3_20130506.pdf>. Acesso em: 11 de jul., 206.

WINKLER, J.; BILITEWSKI B. Comparative evaluation of life cycle assessment models for solid waste management. **Waste Management**, 27(8), 1021–1031, 2007.

WOLF, M-A. **National LCA Databases - Status and ways towards interoperability**. Berlin: Maki Consulting, 2014. Disponível em: <http://maki-consulting.com/wp-content/uploads/2013/05/2014_National-LCA-databases_White-paper_maki--Consulting_final_clean.pdf>. Acesso em 13, Jul., 2016.

XAVIER, Lúcia Helena; CORRÊA, Henrique Luiz. **Sistemas de Logística Reversa**: criando cadeias de suprimento sustentáveis. São Paulo: Atlas, 2013.

Impressão e acabamento
Gráfica da Editora Ciência Moderna Ltda.
Tel: (21) 2201-6662